U0288570

钢笔建筑速写

韩春启 著

中国纺织出版社有限公司

国家一级出版社
全国百佳图书出版单位

内 容 提 要

本书是一个戏剧舞台服装设计师的速写习作集。速写是服装设计师的基本功之一，却常常被设计师自己与专业教师所忽视。作者根据多年的教学经验和艺术创作实践，用自己独特的方式展示了一个设计师在服装设计领域背后的绘画作品。从书中的钢笔建筑速写，既可以看出设计师搜集素材的广泛，也可以领略不同地域、不同时期、不同风格的建筑遗迹，还可以学习赏析各种剧场建筑速写。这些独特的表现形式对专业师生和从事设计的人员具有一定的学习和参考价值。

全书图文并茂，内容针对性强，既适合相关专业院校师生使用，又可供行业从业者参考。

图书在版编目（CIP）数据

钢笔建筑速写 / 韩春启著．-- 北京：中国纺织出版社有限公司，2019.7（2019.9 重印）

ISBN 978-7-5180-6310-9

Ⅰ．①钢…　Ⅱ．①韩…　Ⅲ．①建筑画—钢笔画—速写技法　Ⅳ．① TU204.111

中国版本图书馆 CIP 数据核字（2019）第 114481 号

责任编辑：李春奕　　责任校对：王花妮　　责任印制：王艳丽

中国纺织出版社有限公司出版发行

地址：北京市朝阳区百子湾东里 A407 号楼　邮政编码：100124

销售电话：010 — 67004422　传真：010 — 87155801

http: //www.c-textilep. com

E-mail: faxing@c-textilep. com

中国纺织出版社天猫旗舰店

官方微博 http://weibo.com/2119887771

北京华联印刷有限公司印刷　各地新华书店经销

2019 年 7 月第 1 版　2019 年 9 月第 2 次印刷

开本：889 × 1194　1/20　印张：11

字数：166 千字　定价：49.80 元

好教师、好设计师、好画家

我认识韩春启先生是很久以前的事了，时隔四十年之后又见到他的钢笔建筑速写，令我十分惊叹。一是他画的量那么多，那么精；二是张张都有看头儿。现如今很多人画写生、画速写，其中不乏作秀者，然而韩先生的钢笔速写却透着一种难得的真诚。他注入的情感，人们一目了然，他的每幅作品都在向人们诉说画家为何要画这一景致，更加难得的是在他的画面中流露出艺术的鲜活和生动，笔线之间的交叉重合显示着画家作画时的激情。

画幅不大，但很有教科书的范儿，因为他是一位好教师、好设计师、好画家。

刘绍昆

2019.初一

刘绍昆

国家一级美术师。

1966年毕业于中央美术学院附属中等美术学校，1973年到广西。1984年入广西艺术学院油画研究生班，师从阳太阳先生。毕业后到广西美术家协会工作，曾任广西美术家协会驻会常务副主席。

现任中国美术家协会会员、理事，中国油画学会常务理事，广西美术家协会名誉主席，广西油画学会主任，漓江画派促进会副会长等。

认真的老师

韩春启先生是一位很有成就和影响力的服装设计师。早年在广西艺术学院跟随阳太阳大师学习绘画艺术。2018年我们一同去俄罗斯写生十几天，韩老师带领学生们每天从早到晚认真观察光线的变化，描绘美丽的景色。他非常喜欢用艺术的手法表现生活、表现自然，是一位非常勤奋的艺术家、非常认真的老师！

今年他把自己国内外建筑风景钢笔速写结集成册，准备出版，我为他高兴！他的速写和油画都是写实风格，既有客观特征，同时又融入自己的主观意识。他的作品很洗练、有力量、有准确的结构关系，可见韩老师的基本功非常扎实。通过几十年在服装设计和舞台设计的探索与实践，他不仅积累了丰富的创作经验，而且还培养了敏锐的观察力，能够准确捕捉客观物象的特点并且进行巧妙的艺术加工，把需要的东西留下，不需要的剔除，经过提炼，他的作品极富感染力。他是一路走一路画的艺术家，是用画笔描绘自己人生的艺术家，值得我们借鉴和学习！

北京师范大学 古棕

2019.1.16.

古棕

北京师范大学艺术与传媒学院教授、博士生导师、美术与设计系主任。

教育部区域和国别研究培育基地俄罗斯研究中心成员。

中国美术家协会会员，北京油画学会理事，西湖国际美术家联谊会理事。

欧美同学会美术家联谊会副会长，欧美同学会留学苏联与独联体分会副秘书长，中国俄罗斯友好协会理事。

俄罗斯列宾美术学院荣誉教授，俄罗斯艺术家创作联盟名誉会员，吉尔吉斯共和国国家艺术科学院院士，哈萨克斯坦共和国茹尔根诺夫艺术学院荣誉教授。

荣获乌兹别克斯坦共和国艺术科学院授予创作金质奖章。

感动与敢干

与韩老师亲密交往近30年了，刚认识韩老师的时候，我还是一个毛头小伙子，现在都年过半百了，韩老师更是银发尽染了。可是他画画的劲头依然很足，丝毫不逊色于毛头小伙子。画画是他的挚爱，平时忙于各种事务，没有太多时间，但是只要一有空他就会拿着画笔过过画瘾。喜欢韩老师的这些速写，他画得很快，能在瞬间把构图、透视、前后空间、黑白轻重处理得很好。思考其中缘由，总结为两点——感动与敢干。

感动是指韩老师对身边事物极富感受力，他很忙，可能没法时时刻刻拿起画笔，但他常常被眼前的各种建筑、人物、树木……所感动，用眼在心里构图。他常常对我们谈及令他感动的景象并用语言描绘一张画的构思，这道破了他心中永远的感动。

用敢干形容韩老师画画再合适不过了，不论刮风、下雨，还是酷暑、严寒，只要他有所感动，就会拿起画笔绘画。我们一起去俄罗斯小镇写生11天，我铆足了劲才画了11张，而韩老师却画了50多张油画与几十张速写。从早上4点到夜里11点，韩老师除了吃就是画，60多岁的人了，不会疲劳吗？而我相信，画画吸天地之灵气，这一定会让他心情舒畅、健康长寿。

当然，光有感动与敢干是完成不了韩老师这么多精彩的速写写生的。他能有这些成果更在于其几十年在各种艺术跨界领域的摸爬滚打。教书、绘画、舞美设计、导演、写诗歌、作词，韩老师干一行、爱一行、行一行。

最后祝韩老师艺术青春常驻，其实祝词有点多余，他本来就青春常驻！

秦烨

2019年1月15日于高碑店工作室

秦烨

北京舞蹈学院创意学院副教授、艺术设计系主任，中国油画院课题组研究员。

前言

从来没想过要专门画速写。

一开始是因为工作的原因老开会、出差，得闲时就画起身边的人，画着画着觉得挺有意思。后来也是因为工作的原因，走的地方挺多，看见那些很有意思的建筑和画面就总想记录下来。所以只要时间允许，我都要画上一幅，久而久之就养成了习惯。

可以说我画速写没有什么章法，信手涂抹随情而至。但是，对于每一次的对象选择、落笔前的构图等，我总是不自觉地构思。此时，曾经学习过的一些看似无用的知识开始发挥作用了，它们是我在艺术道路上前行不可或缺但又不易察觉到的养分。

通过自己的经历，我有这样一点儿体会：

第一，学习没有捷径。速写虽然是一种审美的艺术，但也是一门需要不断练习的技术。是技术就需要长时间的练习，速写能力的培养就更是如此。具体地说，练习速写首先要多画。什么叫多画？最好坚持每天画。不练习就无法掌握某种技艺。所以，您要一笔一笔地画，体会速写的快乐，别无他法。

第二，要敢画。现在条件好了，纸、笔、夹子等都容易获得，要在纸上敢画，不要怕画坏了。关于敢画，我会在后面再细说。

第三，调整自己的观念。社会的发展似乎让用笔画画变得没什么意义了，依我看，这其实是大错特错了，在当今用笔画画依然非常重要。从某种意义上讲，速写是一种快速写生方法，融入了绘者的个人情感与审美感悟，因此速写也是一种个性化的写意，甚至呈现“错误”。这种“错误”是如此的可爱，它不同于电脑的“精准”，因为这是绘者此时此刻个性与情感的表达。

速写在美术历史上曾经非常重要，看看那些大师的创作经历和过程就知道了。今天，虽然人们的创作观念和方法都发生了变化，但速写作为一种独立的艺术形式越来越受到人们的喜爱。这是因为它依然保留着单纯、直接、快捷的表达方式。

我喜欢速写，希望你也喜欢。

韩春启

2018年10月18日

延川文安驿老窑洞

目录

一、国外建筑速写 / 001

1. 德国 ………… 002
2. 美国 ………… 008
3. 俄罗斯 ………… 016
4. 以色列 ………… 026
5. 土库曼斯坦 ………… 036
6. 老挝 ………… 040
7. 日本 ………… 044
8. 印度 ………… 050

二、国内建筑速写 / 063

1. 东北地区 ………… 064
2. 长江沿岸 ………… 081
3. 华南地区 ………… 097
4. 西南地区 ………… 102
5. 西北地区 ………… 106
6. 山东青岛 ………… 122
7. 北京老城楼 ………… 141

三、国内老教堂速写 / 149

四、国内外剧场建筑速写 / 183

后记 / 210

俄罗斯维尔霍图里耶教堂

一

国外建筑速写

1. 德国

不知道为什么，一直对西洋建筑感兴趣，特别是那些带有尖顶的房子。

终于有机会来到国外，看到那些真实的西洋建筑，我特别地想画下来，速写就成了我最好的记录手段。

2012年，我到德国工作了一段时间，期间在科隆、多特蒙德和杜塞尔多夫几个城市游览，抽空画了一些速写。我画速写喜欢用钢笔直接画。一开始总担心画不好不能修改，故心存畏惧。但是，当慢慢地开始画之后，虽然浪费了很多纸笔，但是那种畏惧心理很快就消失了，胆子也大了起来。

刚开始画的时候，最大的问题就是透视问题。有时候自己会在白纸上用眼睛“拉一下透视线”，甚至做上几个坐标点再开始画线。在很多情况下，这种方法还是很管用的。再后来，画着画着就心里有点儿底了。

德国多特蒙德小教堂一角

德国多特蒙特小教堂

德国莱茵河畔古堡

德国科隆火车站广场

德国科隆大教堂侧面

德国科隆大教堂后面

2. 美国

与具有悠久历史的中国相比，美国是个年轻的国家。

美国建筑虽然历史不长但传播很广，常常给人留下深刻的印象，比如纽约中央火车站，很多电影中的浪漫场面与激烈悬疑故事都在此取景拍摄。所以，当你来到此地时，会深切地感受到生动的人文情怀与建筑融为一体了。

我曾经有很多机会到美国出差或者演出，但都没有想到画画。只是这一次在纽约，突然觉得很多并不老旧的建筑都极具质感。所以就忙里偷闲地画了一些速写。

画钢笔速写的时候一定要专注，否则就会出现太多的废笔，甚至整个画面都废了。所以，要勤动手多画，这是画好钢笔速写的基本法则。

美国纽约法拉盛小教堂

美国纽约法拉盛一角

美国纽约中央火车站一角

美国纽约乡间教堂

美国曼哈顿第五大道上的教堂

美国旧金山的小镇

从法拉盛远眺纽约城

2014年11月3日下午

3. 俄罗斯

俄罗斯与中国相邻，但是我过去却从来没有机会前往。如今退休了，终于有一次难得的机会去那儿画画，心里还真有一点儿兴奋。

从小就读俄罗斯文学，看苏联电影，唱苏联歌曲。我们这一代人似乎有一种特殊的情怀，虽然我知道文学艺术并不等同于真实的历史，但是那种已经形成的浪漫情怀却不会逝去。

这一次，我虽然只是到了一个偏远的俄罗斯小镇，但是恰恰就是这个偏远小镇的风景，让我再次涌起年轻时的浪漫情怀。自然宁静的河流山坡，有些破旧但饱含故事的教堂和村庄，朴实的人民和天真无邪的孩子……这一切都深深吸引着我，让我反复回味。

从这个朴拙厚实的小镇，我又来到精彩辉煌的圣彼得堡，领略了俄罗斯建筑的博大和美丽。

对我而言，这是一段难忘的经历。

俄罗斯叶卡捷琳堡远眺教堂

俄罗斯叶卡捷琳堡的教堂之一

俄罗斯叶卡捷琳堡的教堂之二

俄罗斯维尔霍图里耶小酒店

俄罗斯维尔霍图里耶的老房子

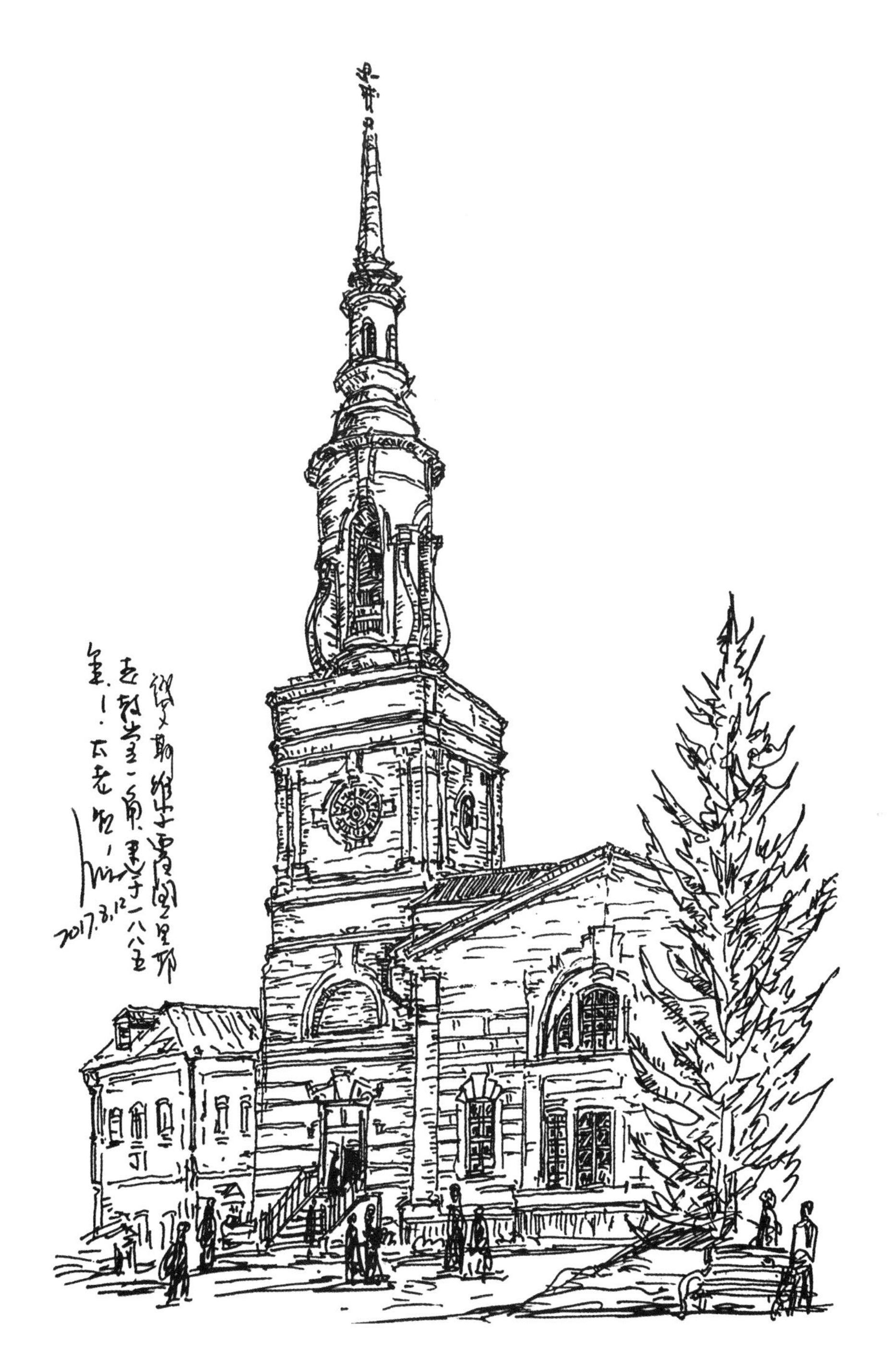

俄罗斯维尔霍图里耶的老教堂

俄罗斯维尔霍图里耶的教堂

俄罗斯维尔霍图里耶的教堂一角

俄罗斯圣 · 彼得堡夏宫一角

俄罗斯圣 · 彼得堡滴血教堂

4．以色列

以色列是一个神奇的国度。

这种神奇的感觉一直萦绕着我。因为从每天的新闻中几乎都会听到关于它的报道，也一直不解地从地图上揣摩，一个国家为何战争不断。

终于有一天我来到这里。当曾经的想象突然变成了现实，我却感觉掉进了一个真实的梦境，曾经那些不可思议的故事如此难以厘清地缠绕在一起。而今，我就在她的面前，可以抚摸那冰冷的哭墙，可以背靠着巴勒斯坦的金顶清真寺高墙，画着面前的耶稣圣墓教堂。

在老城耶路撒冷，这里的一切饱含了无数说也说不清的故事。建筑就像是一篇篇《圣经》，轮廓清晰，但是字迹模糊，外型坚硬，却路径曲折。我站在这里画画，总有一种纯净的感觉。我始终觉得，这一切就是梦。我用画笔记录了我曾经梦到的地方，似乎心灵也得到了一次净化。

耶路撒冷圣母升天教堂

耶路撒冷街巷

耶路撒冷老城雅法门之一

耶路撒冷老城雅法门之二

耶路撒冷老城青年会堂

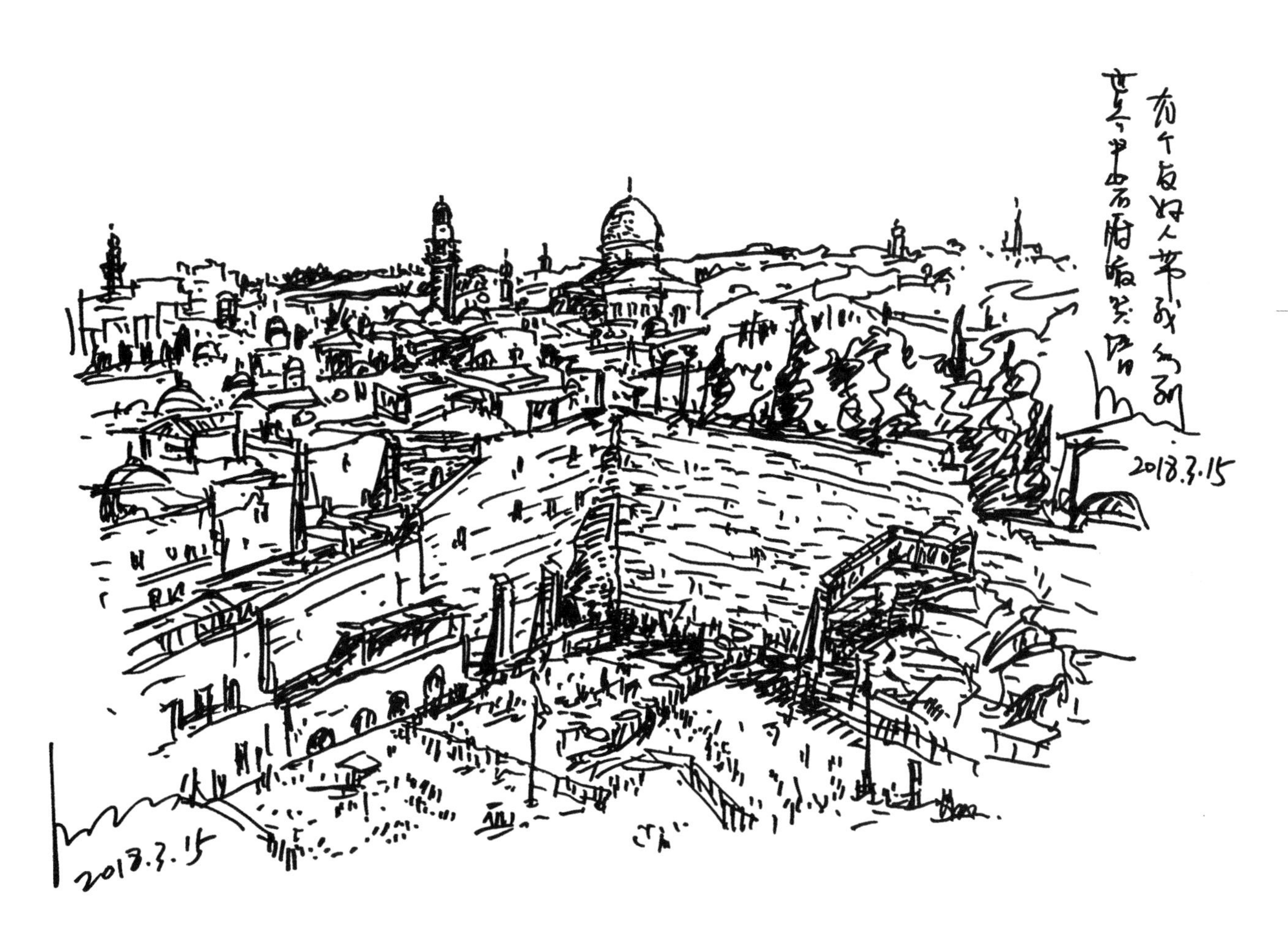

耶路撒冷哭墙

特拉维夫老城入口

特拉维夫圣彼德教堂一角

曾经特别遥远的梦想，一直以为会慢慢淡忘。谁知即将忘却的时候，一个轻轻的吹拂，梦想突然实现，我来到远方。

以色列如此吸引人，就像少女的眼睛，只一眼望去就让我终生难忘。她像是一个历经了痛苦磨难而重生的少女，年轻但又如此古老……对，这就是以色列，我第一次踏上你的土地，就感受你的热情和神秘。

一切都像是冥冥之中注定的，画的和看的都让人觉得是一种安排，这也许就是缘分。我相信上天赐予，知道这一别将会留下永远的记忆。

再见，神秘的少女。再见，神奇的以色列！

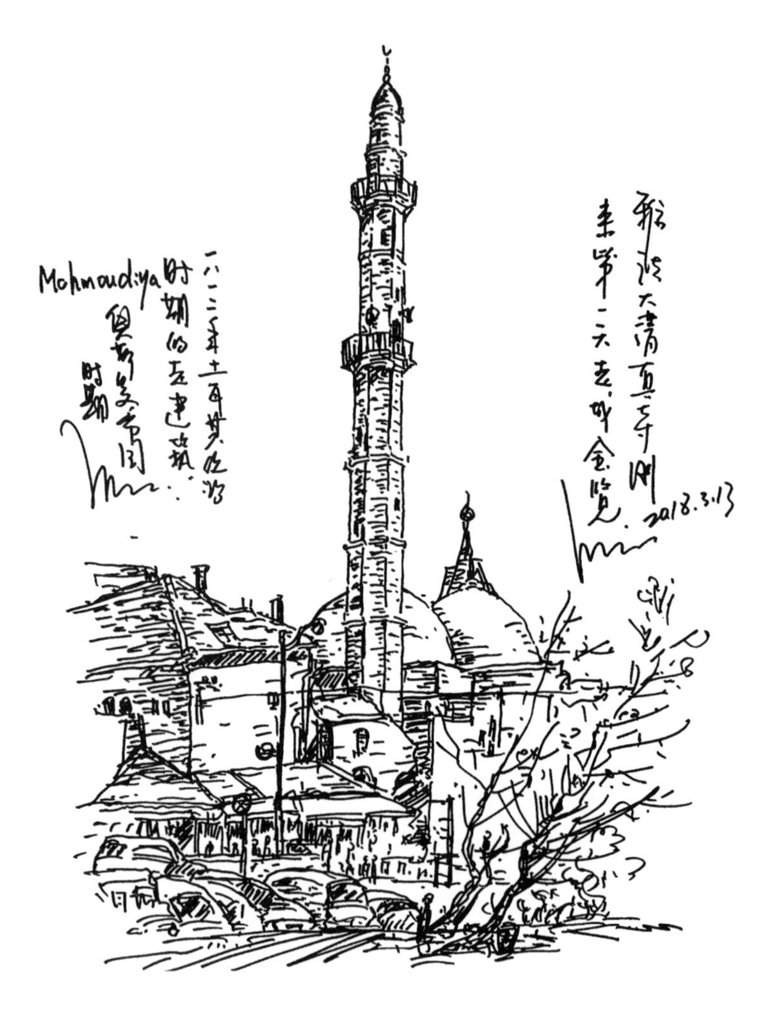

雅法老城大清真寺

雅法老城小清真寺

5. 土库曼斯坦

用钢笔画建筑速写时，不要怕画乱画脏。特别是在学习阶段，要大胆地下笔，大胆地画线条。不要怕错，错了就再画一条，直到比较满意为止。

钢笔速写不能涂擦，每一笔都会留下印迹，所以有些人觉得很难，不太好下笔。我的体会是前期阶段费点纸，多画，大胆画，熟能生巧。此外，平时用钢笔多画一些局部，也会大有益处。

画建筑速写也有好画的方面，例如建筑固定不动，你可以慢慢地、细细地描画，不用担心它动了、跑了。

这是我到土库曼斯坦出差时画的几幅清真寺速写。我一直对宗教建筑感兴趣，但是当在一种特定环境下画画的时候，还是有些不确定，所以画的线条就多了一些，虽然后来慢慢地有点儿感觉了。

所以，我一直强调要大胆画，不要怕画坏了，特别是速写。在一次次的练习中，你会发现一些非常有意思的线条呢。

土库曼斯坦阿什哈巴德街景

土库曼斯坦阿什哈巴德的清真寺

土库曼斯坦阿什哈巴德的小清真寺内景

土库曼斯坦阿什哈巴德的小清真寺一角

6. 老挝

一次偶然的机会来到老挝采风，发现这里的风景和历史建筑很有特色。

我们主要游览了历史古城琅勃拉邦和万象。这里保存了较多的历史宗教建筑，此外还留下了较多的法式殖民地风格的建筑。

我画了一些速写，但由于事务性活动太多，没有仔细梳理，所以对建筑的背景资料了解不多。

老挝琅勃拉邦香通寺

老挝万象凯旋门

老挝万象塔銮寺之一

老挝万象塔銮寺之二

7. 日本

建筑速写非常难画，最难的地方莫过于“透视”。

画速写要学一些透视的知识，掌握近大远小、视平线、焦点透视、成角透视这些基本的原理与要点，只有这样才能在画建筑速写时不会出现透视错误而影响整体效果。

透视是画建筑速写的重要依据。画建筑要沉下心来，不要着急，注意透视的变化。我的体会是掌握好基本的透视知识，提高自己对透视的把握能力，在一张张的练习中逐渐找到感觉。

还有就是速度，面对具体对象要镇定，快速完成。

有机会去日本采风，当然不能忘了画画。除了画油画，我还忙里偷闲地画了一些建筑速写。

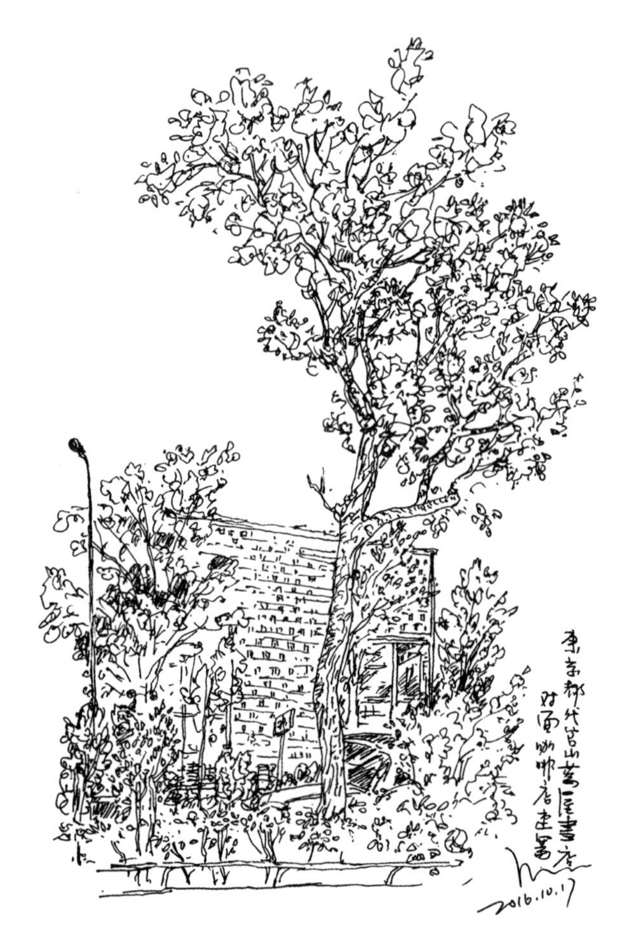

日本京都街景一角

日本东京银座街景

日本东京新宿老建筑

日本东京新宿小街一角之一

日本东京新宿小街一角之二

日本东京街景

8. 印度

印度对我来说是一个特别神秘的国家，关于其舞蹈、宗教、历史……一直萦绕在耳边。天竺，不但让我知道了西天有经，也景仰一个伟大的人——玄奘。他历经艰辛，西行取经，一生潜心佛学，弘扬佛法。时过千年，今天他依然给予我们很多关于意志、理想和人生真谛的启迪。

今天这个神秘的国家正在发生着巨大变化。短短的停留使我根本无法深入了解你，但我要用画笔留下你一点点痕迹，为的是，有一天能常常想起你。

印度苏拉特郊区路边小庙

印度苏拉特街景

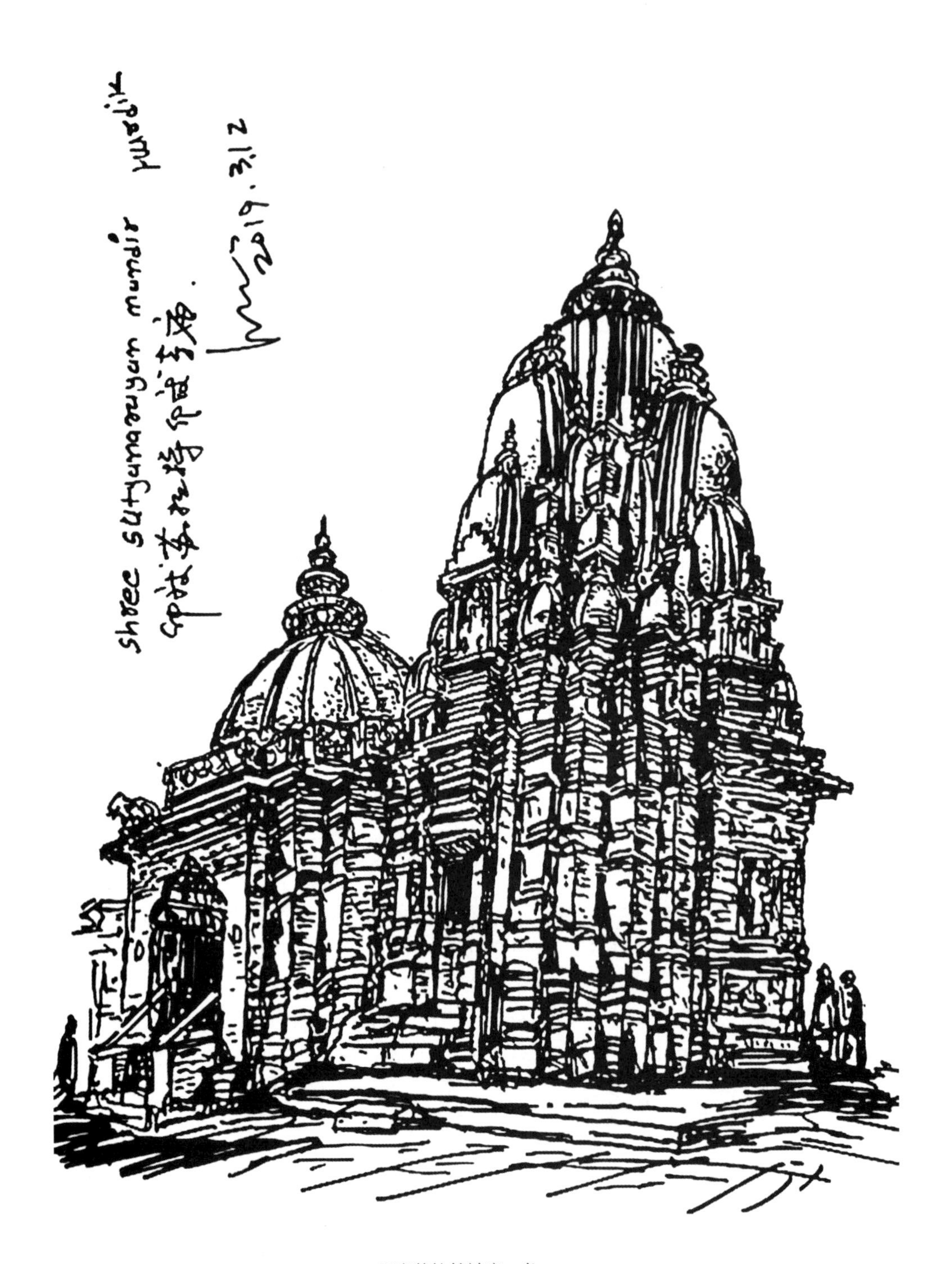

印度苏拉特神庙一角

印度苏拉特街边建筑

印度苏拉特街边小景之一

印度苏拉特街边小景之二

印度德里红堡之一

印度德里红堡之二

印度泰姬陵一角

印度班加罗尔郊区路边小庙

印度班加罗尔神庙

印度贾玛清真寺

广西桂林大墟古镇一角

二

国内建筑速写

1. 东北地区

建筑速写有它好画的地方，就像盖房子一样，要有步骤。每个人都会在一段时间的训练中慢慢地摸索出一套适合自己的方法。例如对于比较复杂的建筑形象，我一般会在纸上直接打一个“框稿”，确定形象的大体位置，然后从左到右、从上往下画，直至完成。

在画老建筑的时候，不要怕笔划太多。相反，很多时候我会有意将线条画得很多，既利用排列的疏密来表达不同的肌理，又表现一些素描关系。如果处理得好，还可以表现建筑的历史年代感。

沈阳、大连这些北方城市的老建筑，很多是俄式、欧式和日式的集合体。一些建筑年久失修，一些建筑在修缮时重在表现历史感，因此整体呈现出一种“陈旧”与厚重。所以，那些刻意的笔触有助于表现建筑的厚重与久远。

我由于在这些城市待的时间都不长，故没有系统地梳理其历史脉络，只是简单地记录下来，希望以后有机会将其背后的历史故事写出来，这样就更生动有趣了。

辽宁大连民主广场

辽宁老沈阳饭店

辽宁沈阳老火车站

辽宁沈阳张氏帅府大青楼

辽宁沈阳张氏帅府后面

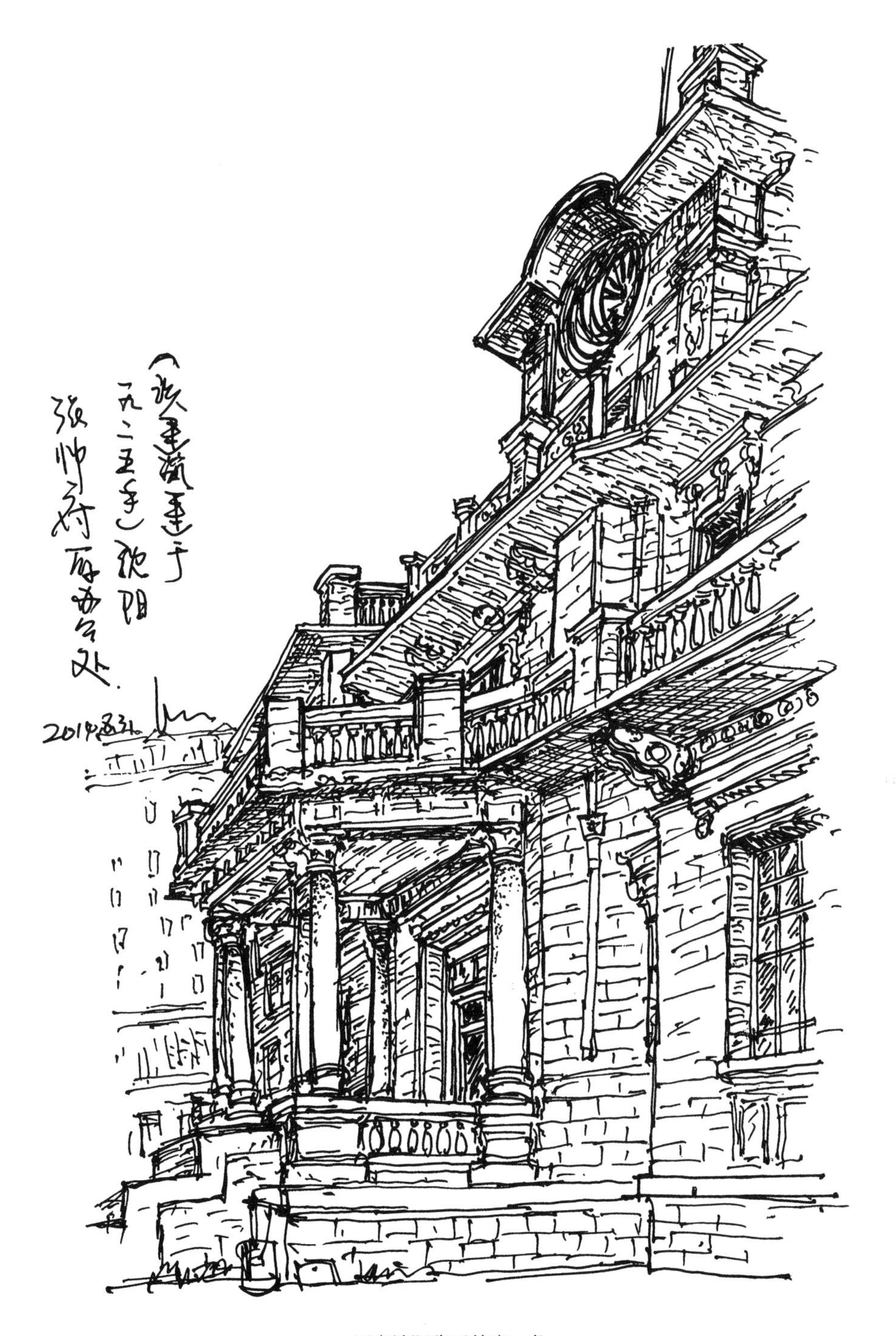

辽宁沈阳张氏帅府一角

辽宁沈阳张氏帅府

辽宁沈阳张氏帅府小青楼

在中国的北方，大连是一个有着特别历史的城市。战争带给人们极大的耻辱和痛苦，当时间慢慢地抚平伤口，那些承载着沉重历史的建筑仍时时诉说着我们那些沉睡在历史记忆中的往事。

每每当我面对这样的建筑形象勾画时，总是会呈现出一种“幻像”，是关于建筑中的人及其生活状态，等等。所以，我的笔往往会随之走神，不由自主。

辽宁大连中国银行

辽宁大连船舶丽湾大酒店前广场

辽宁大连旅顺俄式老建筑

辽宁大连旅顺德式老建筑

辽宁大连老街

哈尔滨是中国北方的历史文化名城，至今依然保留着相对完整的俄罗斯建筑。历史在建筑上会刻下特殊的印记，特别是那些用石头和坚固材料修建的建筑。哈尔滨就是充满着这样建筑印记的城市，你走在街道上的任何地方几乎都能联想到曾经的历史往事。

圣·索菲亚教堂、圣·伊维尔教堂等一系列宗教和生活老建筑，曾经是哈尔滨的城市标志。今天，虽然现代建筑随处可见，但是给人留下深刻印象的常常还是那些老建筑。所以，哈尔滨是一个让你认识以后，就永远难以忘却的城市。

黑龙江哈尔滨南岗区人民医院老建筑

黑龙江哈尔滨老建筑新闻电影院——原水都电影院

黑龙江哈尔滨道里秋林公司旧址

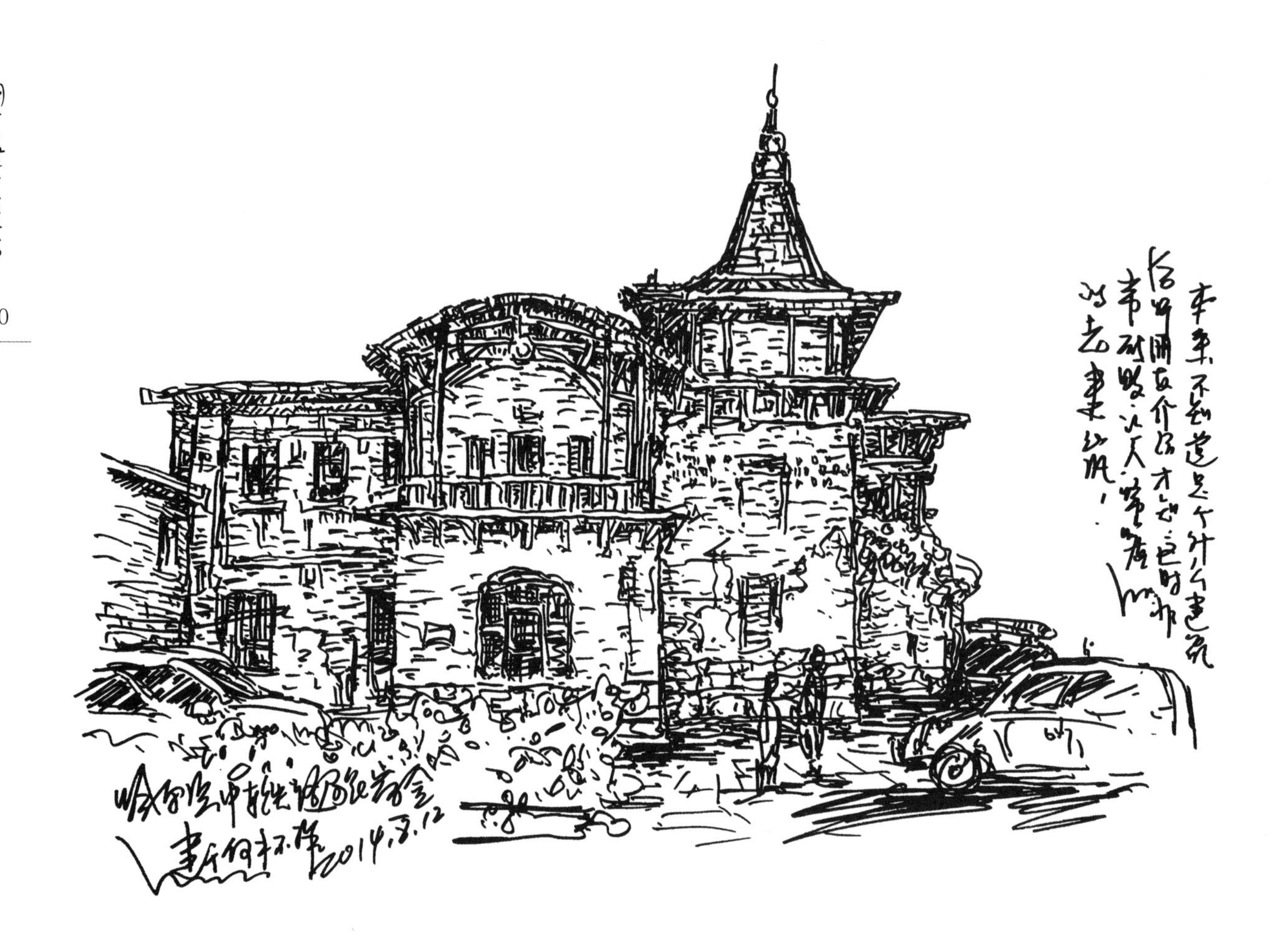

黑龙江哈尔滨中东铁路局局长官邸——白毛将军府

2. 长江沿岸

南方城市不乏传统建筑，具有一种特殊的美感。特别是南方潮湿的气候，很快就能让崭新的建筑变成“自来旧”，比如这里选用的几幅湖南沅江的建筑就是如此。从美术的角度看，这是一个特别神奇的现象，同时也为建筑增加了一种特殊的质感与痕迹。

镇江是一个不大的城市，但是在历史上曾经是江苏省的省会。这里除了传统的中式建筑之外，还保留了一些西洋建筑遗迹。曾经的英国领事馆就是一例，这座建筑虽然不是特别显眼，但是坐落在西津古渡的小山上，显得独树一帜。

镇江的西津渡曾经是一个非常发达的渡口，这种地方在过去是吸纳四方人士、深受不同文化浸润之地，因此，其建筑不会特别古板，而是能够让人感觉到不同文化的相互交融与碰撞。

南京是紧邻镇江的大城市，历史上不但是六朝古都，也是中华民国国都，所以留下了大量的历史遗迹。如今，这些充满历史感的建筑已经被不断涌现的现代建筑所包围，如果不仔细寻找则很难发现。

湖南永顺县芙蓉镇（本名王村）农家院

湖南沅江老城区

湖南沅江筒子楼门口

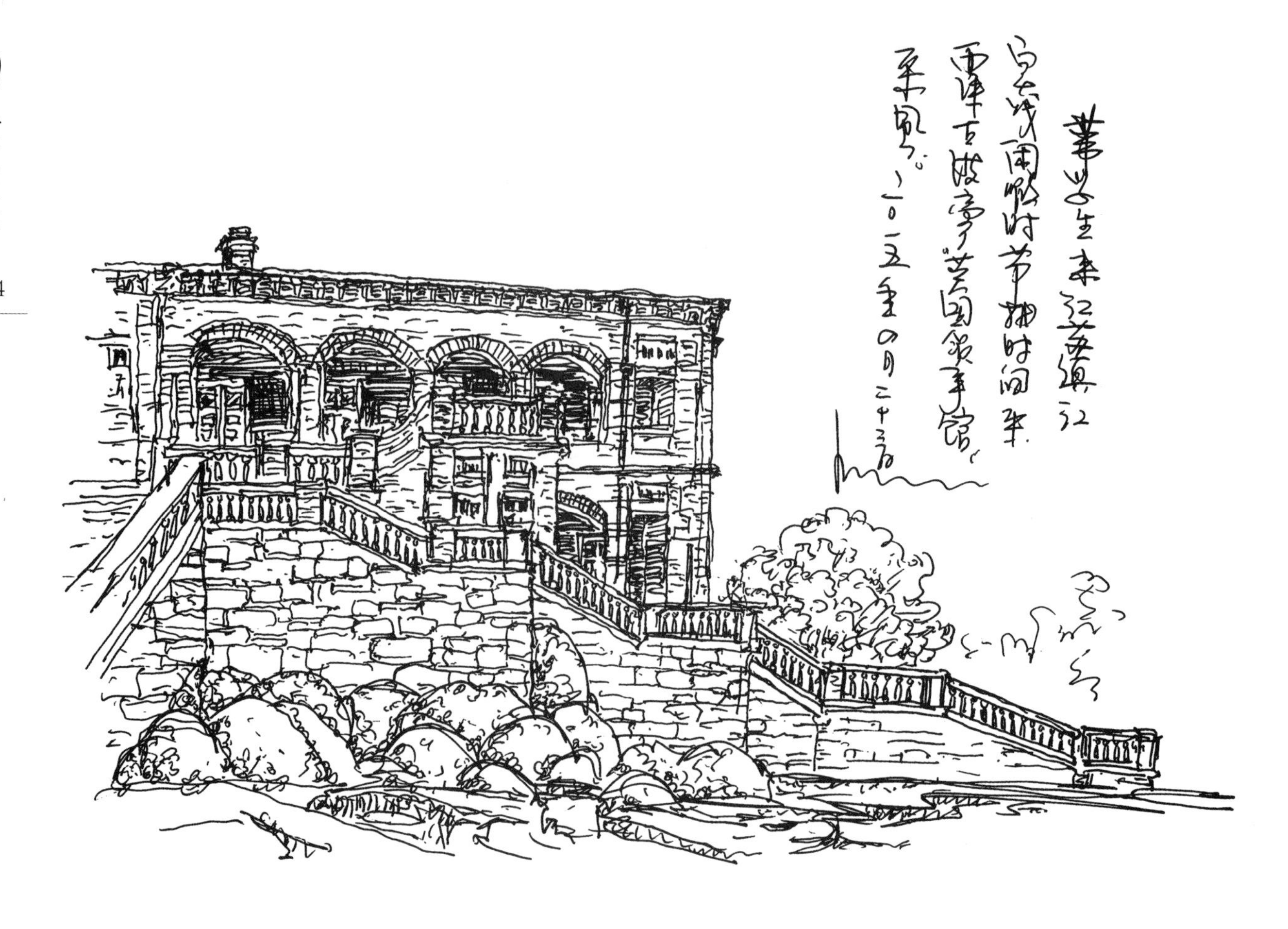

江苏镇江西津渡旁的老建筑——原英国领事馆一角

江苏镇江西津渡旁的老建筑——原英国领事馆侧面

江苏镇江西津渡上的老建筑

江苏镇江西津渡上的老建筑——待渡亭

江苏镇江西津渡一角

江苏南京老河东

江苏南京江宁织造博物馆

江苏南京中央饭店一角

江苏南京夫子庙之一

江苏南京夫子庙之二

江苏南京夫子庙之三

江苏南京长江路古建筑一角

江苏南京总统府

3. 华南地区

位于华南地区的这些城市特别“南”，不仅指气候，也指与北方有巨大差异的人文风情。这些城市的南洋建筑常常透着一种饱含酸甜苦辣的“侨味”，这就是华侨们带回来的混合创新建筑——“侨式建筑”。所以你会发现一些“生硬拼接”式的房子，还有一些“改良组合”式的楼。有些本土的成分多一些，有些则“南洋”风格多一些，总之是一些风格奇特的混合体建筑。

例如“骑楼”就是最典型的“侨式建筑”，它有我们“门廊”的功能，却是南洋舶来品。这大大地影响了建筑的形态和功能，形成了独特的风格并保存至今。

除了“侨式建筑”，还有大量“新式老建筑”，它们大多是新中国成立后所修建的，时至今日一些已颇为老旧。但奇怪的是，正是这种老旧赋予这些建筑不可思议的美感。也许，这就是独特的历史痕迹吧。

广西南宁中山路老街

海南琼海老街之一

海南琼海老街之二

海南海口中山路老街之一

海南海口中山路老街之二

4. 西南地区

西藏和云南虽然都位于西南地区，但在一般人眼里却差异巨大，一个山高缺氧，一个四季如春。

拉萨的布达拉宫是西藏的标志性建筑，我去过西藏三次，但是只有后两次才画了速写，还是挺高兴的。

云南昆明是我特别喜欢的城市。在近代中国有两件大事都与昆明有关。一件是抗战时期的远征军与飞虎队，今天人们依然对此满怀深情；另一件则是国立西南联合大学（简称西南联大），这是中国教育史上的奇迹。时至今日，我们依然在历史的记忆中努力搜寻那些人和事带给我们的深远影响。我特意选了两幅昆明老建筑的速写——云南大学的会泽院和基督教青年会的老建筑。有意思的是，一个仍然是生机勃勃的大学校园，依然可寻当年的踪迹；而另一个则与宗教毫无关系了，除了建筑外壳，内里早已是商业店铺林立，各色商品琳琅满目了。

西藏拉萨布达拉宫

云南昆明老街福林堂

云南昆明老建筑——基督教青年会旧址

云南昆明云南大学会泽院一角

5. 西北地区

大西北是一个让人充满幻想的地方，这种幻想好像源于人们对浩瀚、苍茫、深沉的一种难以言状的思绪。西北地域辽阔，大部分地区人烟稀少，除了利用夯土和石块垒建的“公共建筑”外，几乎所有的民居都是实实在在的“土建”，黄土和沙砾几乎遍及西北所有建筑的里里外外。

当然，在西北最有特色的建筑当属窑洞。这种依山凿洞、利用拱券支撑的“无支架”建筑存在了上千年。时至今日，虽然大多数人都搬离了这种传统民居，但是，窑洞优美实用的设计元素在我们的很多现代建筑中仍然沿用。

甘肃敦煌莫高镇一角

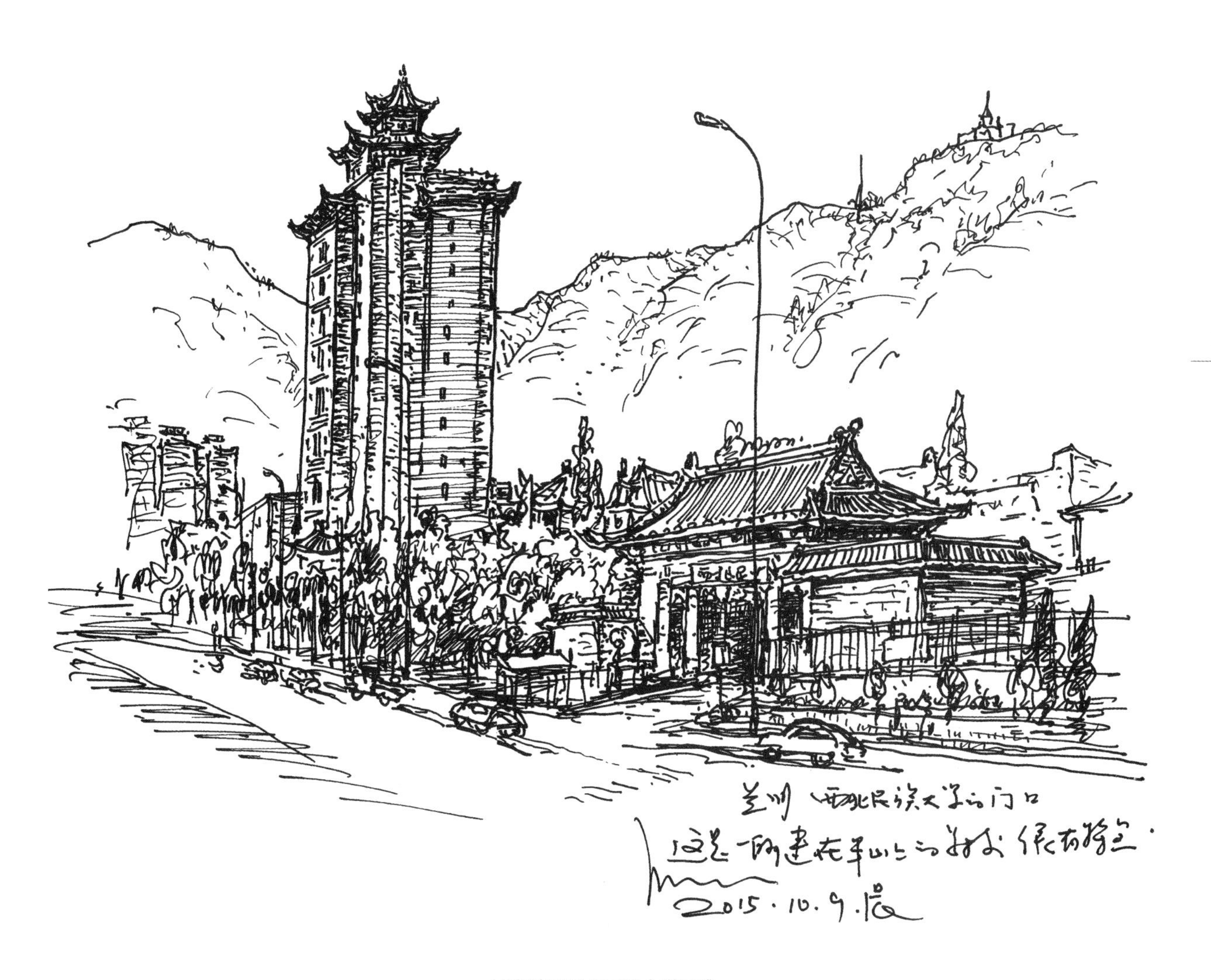

兰州 西北民族大学的门口
这是一所建在半山上的学校 很有特色.
2015.10.9.晨

甘肃兰州西北民族大学远眺

甘肃甘南藏族自治州拉卜楞寺之一

甘肃甘南藏族自治州拉卜楞寺之二

甘肃甘南藏族自治州拉卜楞寺之三

甘肃甘南藏族自治州拉卜楞寺之四

陕西延川文安驿车马店一角

陕西延川文安驿

陕西延川文安驿老院子

陕西延川乾坤湾古窑口

陕西榆林杨家沟老窑洞

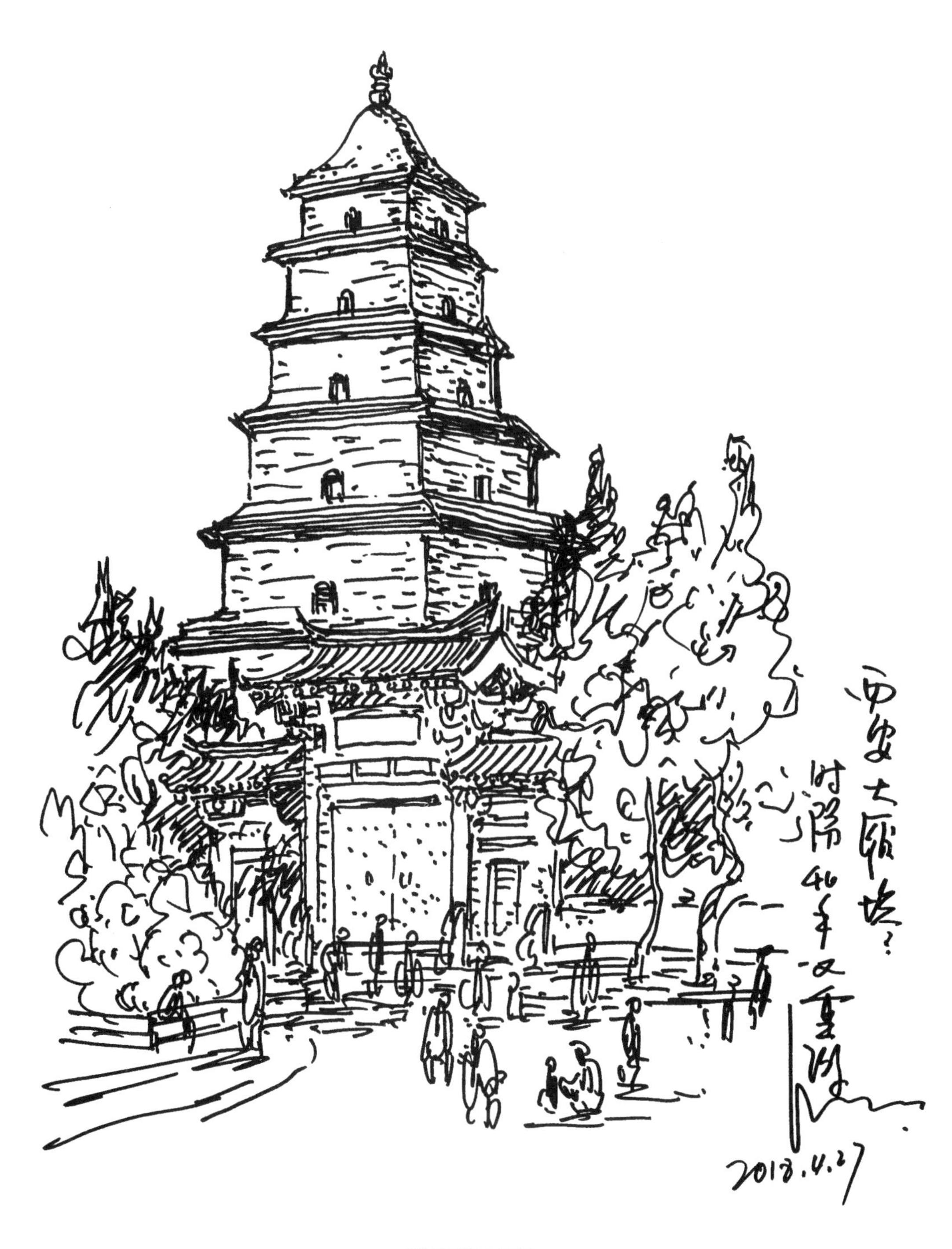
西安大雁塔？
时隔40年又重游
2018.4.27

陕西西安大雁塔

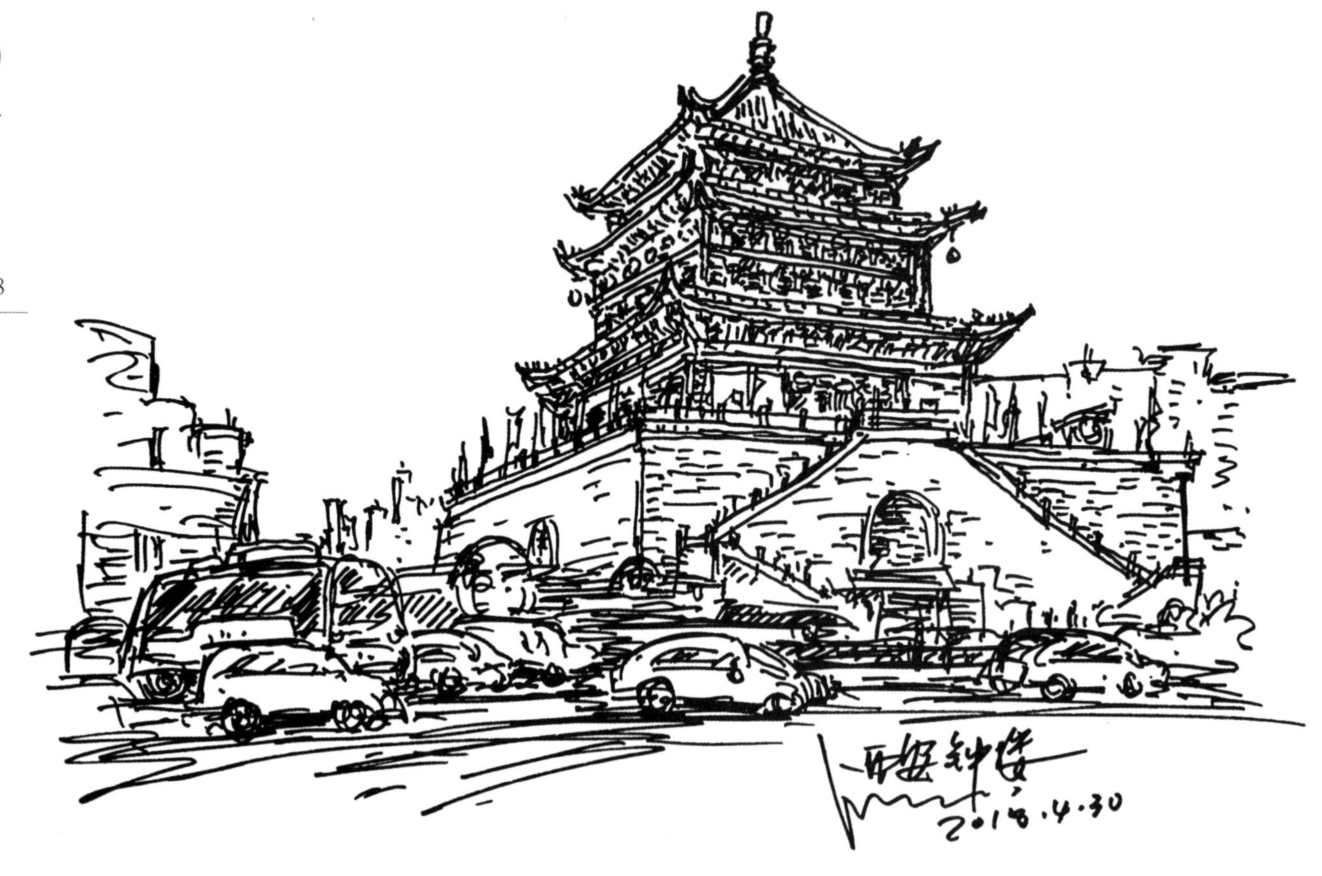

陕西西安钟楼

陕西西安南城门

陕西西安大唐芙蓉园紫云楼一角

陕西西安大唐芙蓉园一角

6. 山东青岛

我自从去过青岛一回，就喜欢上了这座很有魅力的城市。

一个城市的历史往往影响着这个城市里人们的行为和习惯。同样，人们的生活方式和这里发生的是是非非，也会在一定程度上反映城市的性格。

大海、翠树、红瓦黄墙、蜿蜒的街道、纯粹的洋房建筑……使青岛美不胜收。在今天，青岛保留了很多老建筑，是一个集现代与传统、东方与西方于一体的城市。

我喜欢青岛的建筑，更喜欢今天青岛留下的这一切。顺便说一句：俺也是青岛人！

山东青岛胶州帝国法院旧址

山东青岛栈桥王子饭店

山东青岛中山旅馆老建筑

山东青岛中山旅馆一角

山东青岛火车站侧面

山东青岛火车站一角

山东青岛邮电博物馆老建筑

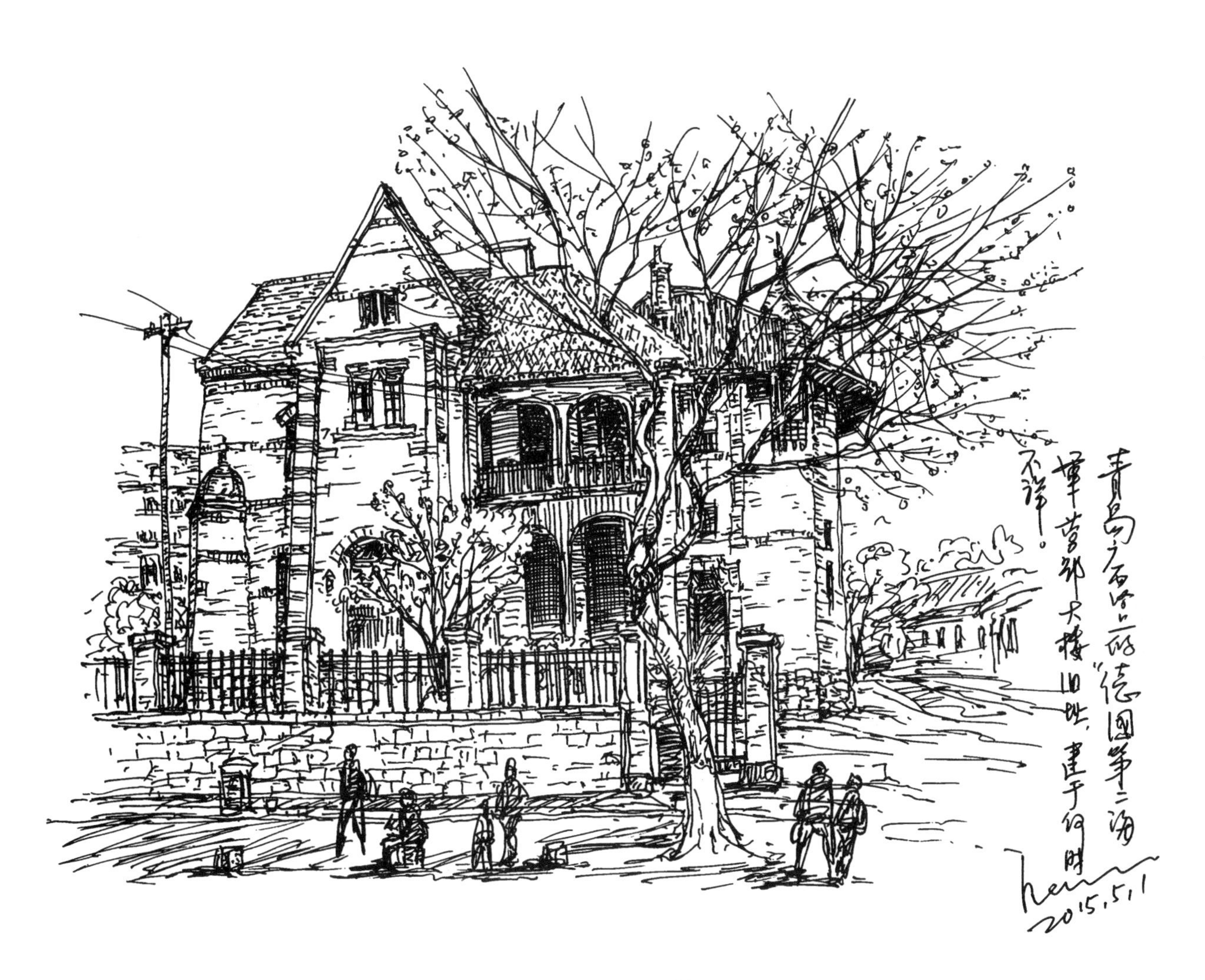

青岛广西路"德国第二海军营部大楼旧址，建于何时不详。
2015.5.1

山东青岛原德国第二海军营部大楼旧址

山东青岛德国风情街一角

山东青岛中山路 216 号老建筑

山东青岛广西路老建筑

山东青岛侯爵饭店旧址

山东青岛湖南路老建筑

山东青岛康有为故居

山东青岛原德国警察署旧址

山东青岛水兵俱乐部旧址

山东青岛原德国监狱旧址

山东青岛八大关的花石楼一角

山东青岛德国风情街老建筑

7. 北京老城楼

老城楼是北京极富历史感的建筑。北京的城门之多、之壮美让世人叹服。但是历经沧桑，北京很多城门已不复存在，仅仅剩下地名还能让人想起门的存在。老北京的城门都建有城楼，而各城楼看似雷同却各有特色。除了大小制式有别之外，高低错落与挑檐廊柱也不尽相同。

今天我们不可能回到过去，但是关于城门和城楼的存在与消失，让我们无限感叹，也成为心中永恒的记忆。

啊，北京的老城楼。

北京雍和宫

老北京钟楼

北京故宫角楼

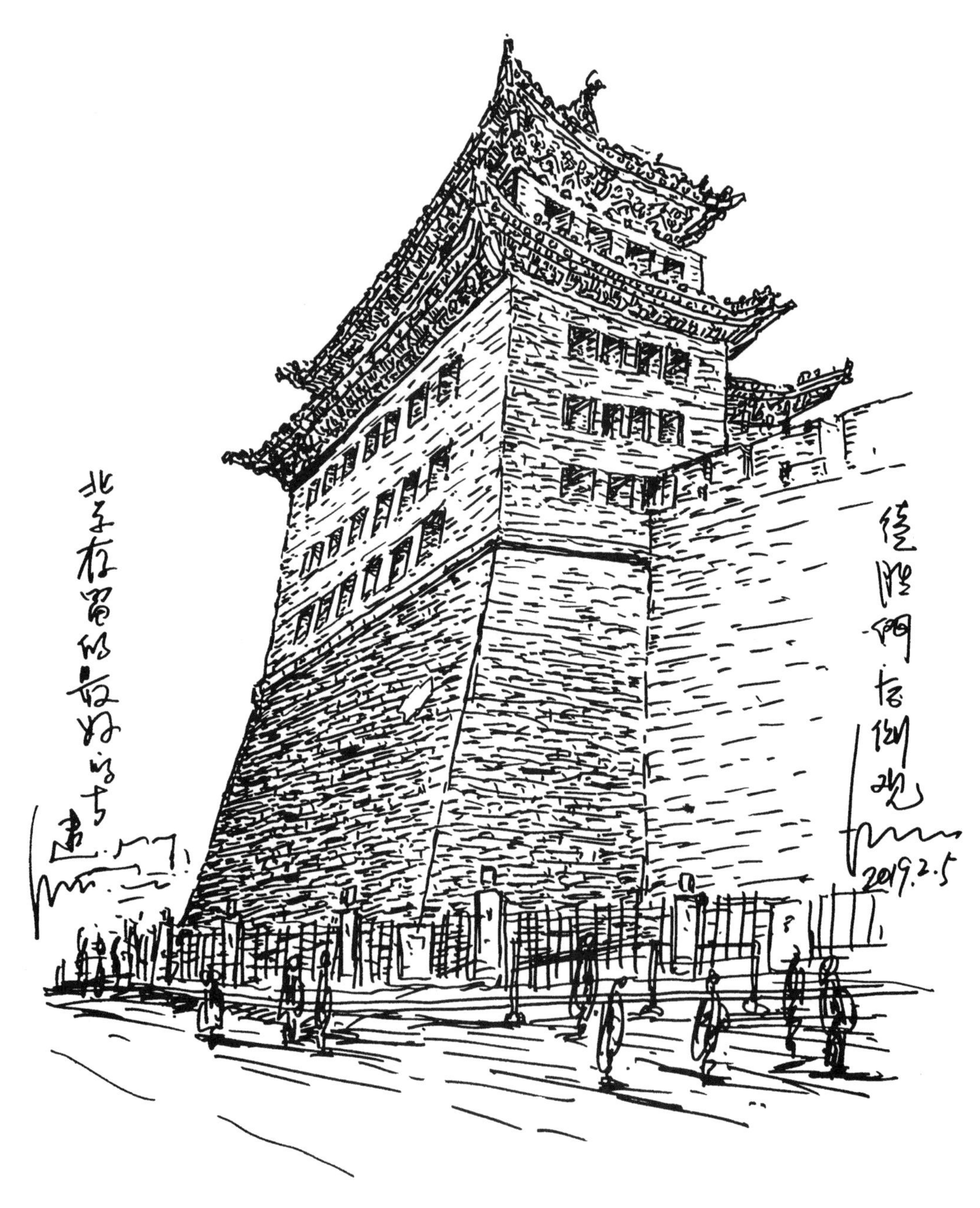

北京德胜门

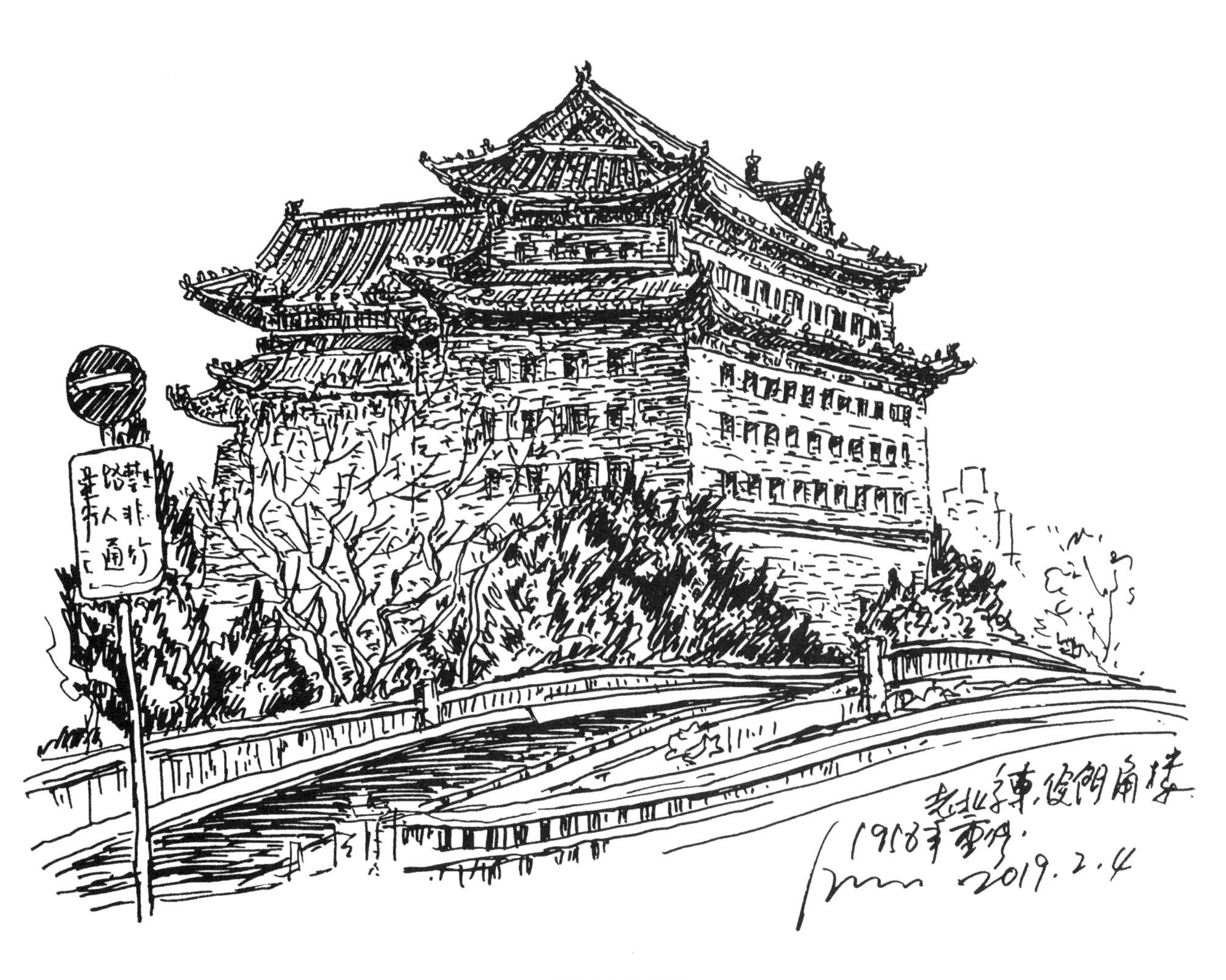

北京东便门角楼

北京正阳门

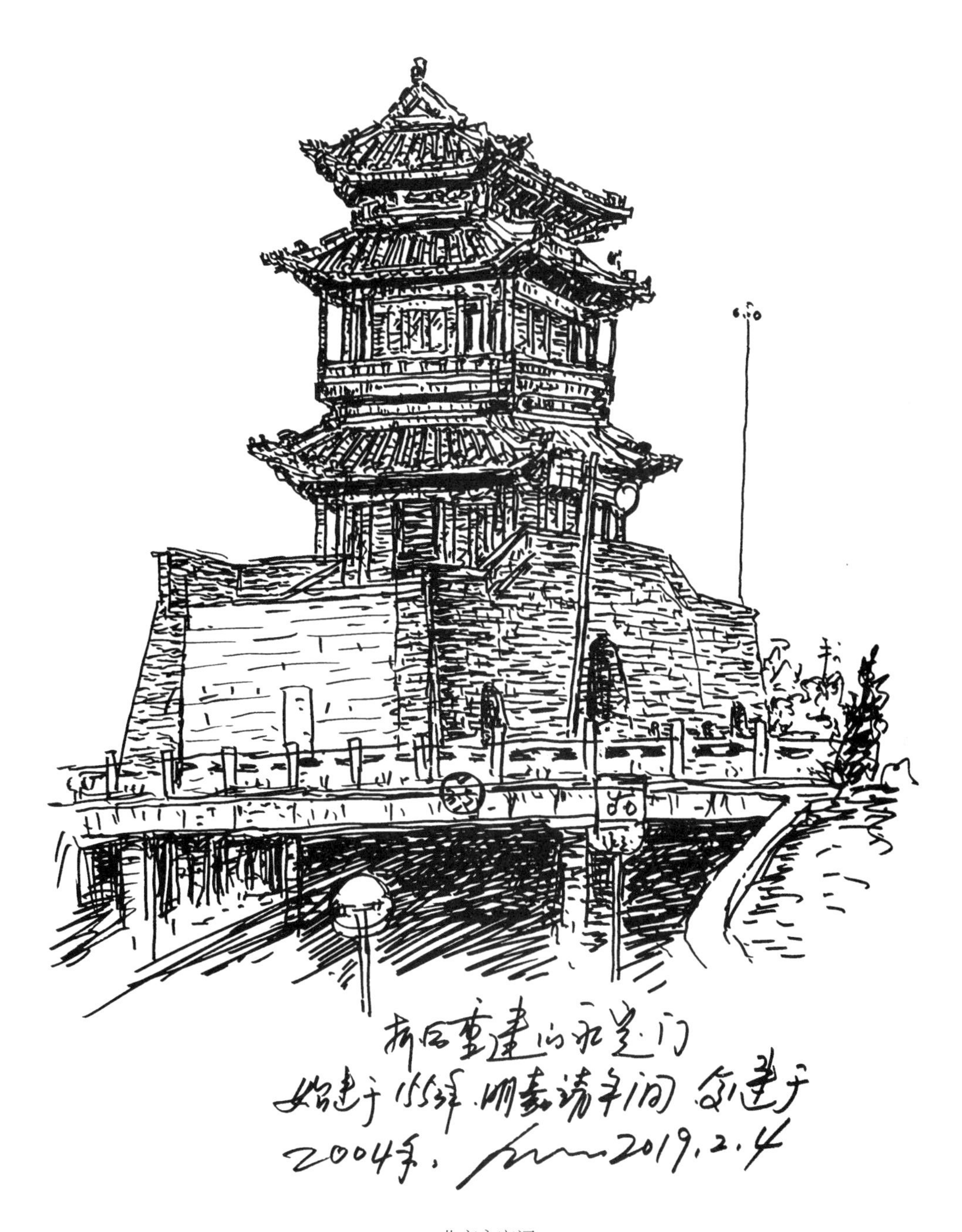

拆后重建的永定门
始建于1553年.明嘉靖年间 复建于
2004年。 2019.2.4

北京永定门

四川崇州市天主教堂建于清代

三

国内老教堂速写

遗留在中国的老教堂建筑样式，其实早已融入当地，成为中国建筑文化的组成部分，只不过人们在现代多元的文化环境中往往不够关注罢了。

我很早就对西洋建筑产生了兴趣，尤其是教堂，那些建筑给我一种崇高感和神圣感，让我油然而生敬畏之心。后来慢慢发现，在我国一些偏僻的地方，很早就有了传教活动，而且还建有“中国特色”的教堂，这更是让我感慨万千。

现在，我每到一个地方，都会关注当地老教堂的情况，因为通过这些可以从另一个角度了解世界，也了解我们自己。

天津安立甘基督教堂

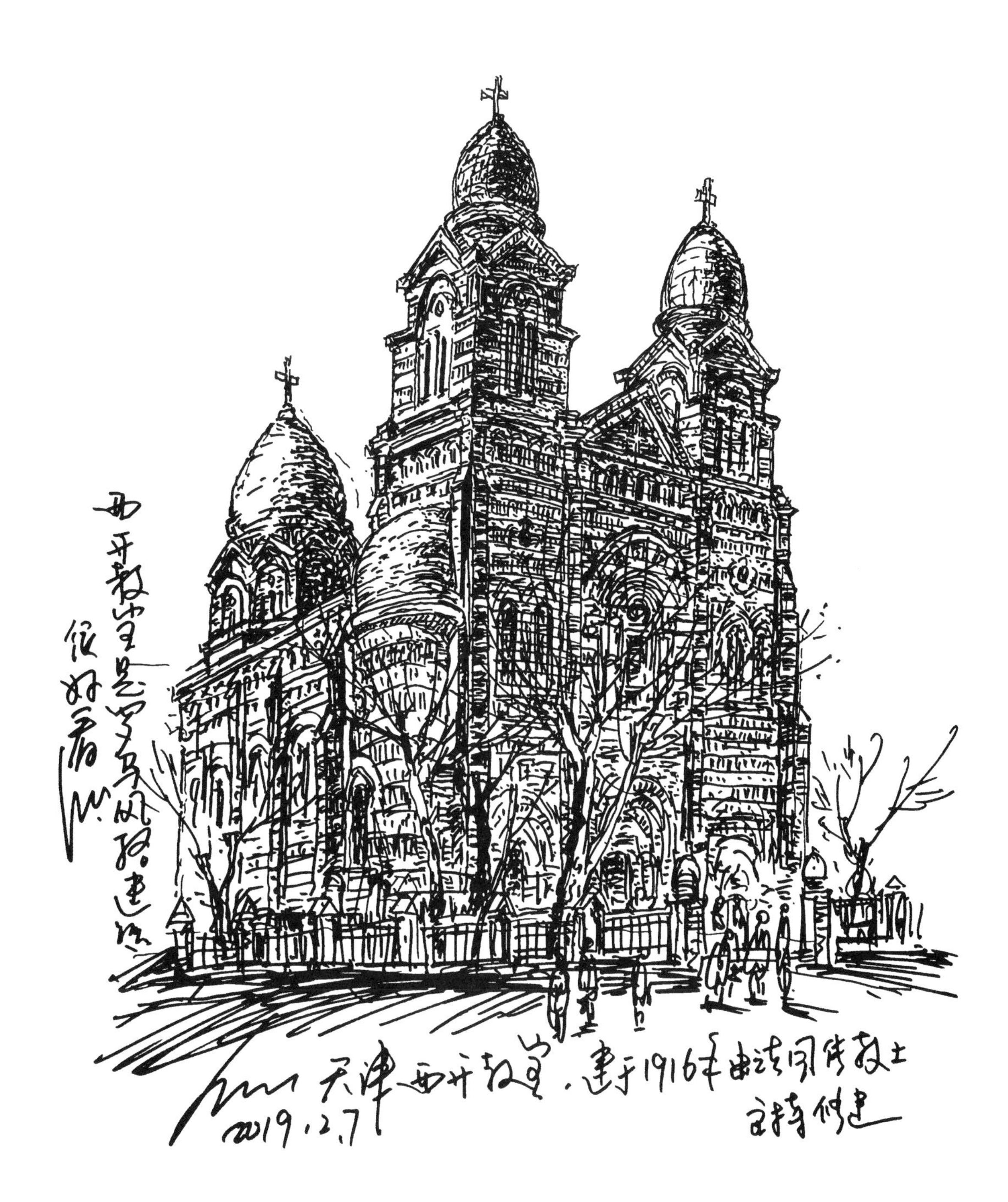

天津西开教堂

天津望海楼天主教堂

北京宣武门天主教堂

北京王府井天主教堂

北京圣弥厄尔天主教堂

北京崇文门亚斯立基督教堂

北京西城区佟麟阁路 85 号中华圣公会教堂

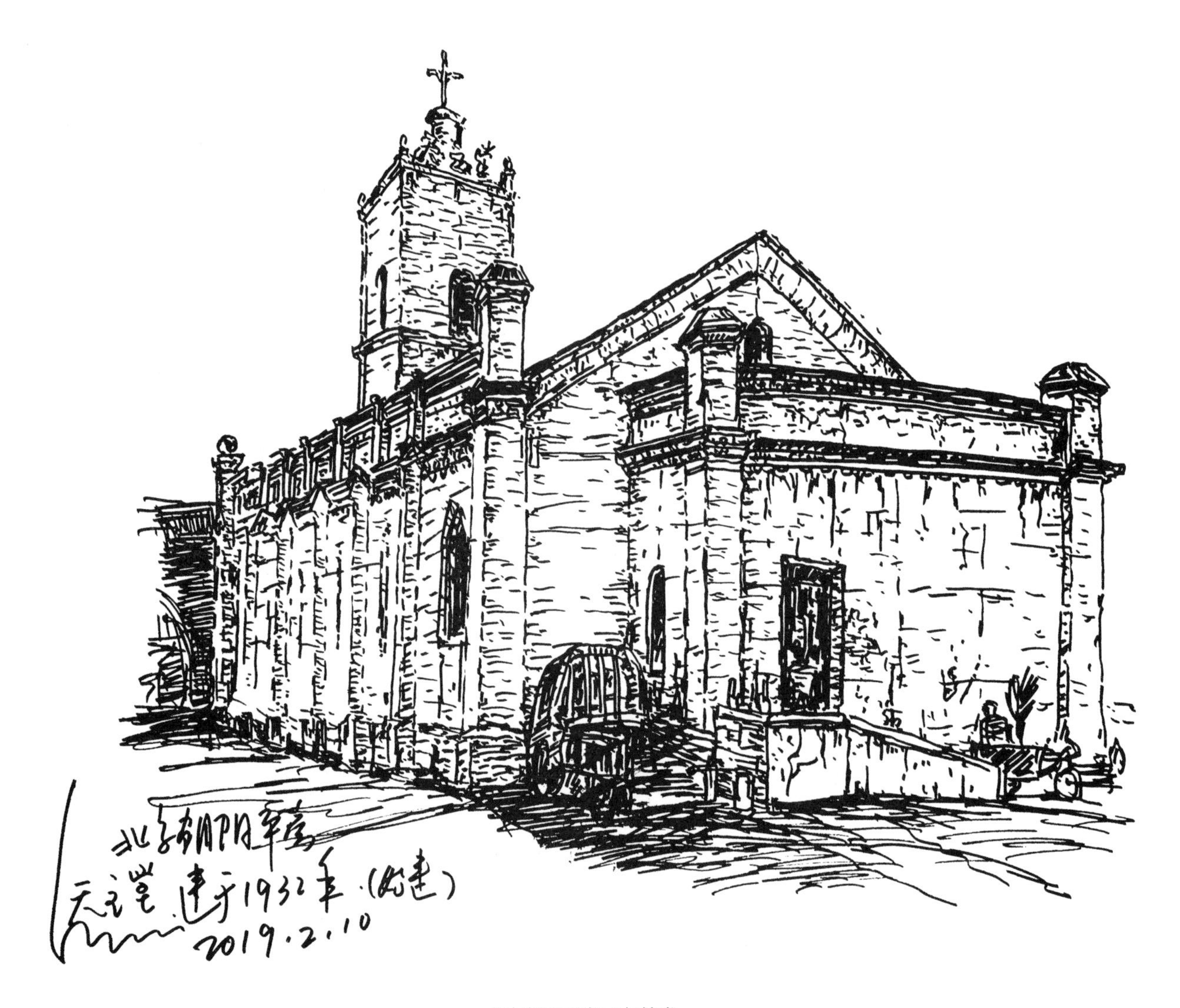

北京朝阳平房
天主堂 建于1932年（始建）
2019.2.10

北京朝阳平房天主教堂

辽宁大连教堂

黑龙江哈尔滨阿列克谢耶夫教堂

黑龙江哈尔滨圣·索菲亚教堂

黑龙江哈尔滨圣·伊维尔教堂

山东青岛江苏路基督教堂

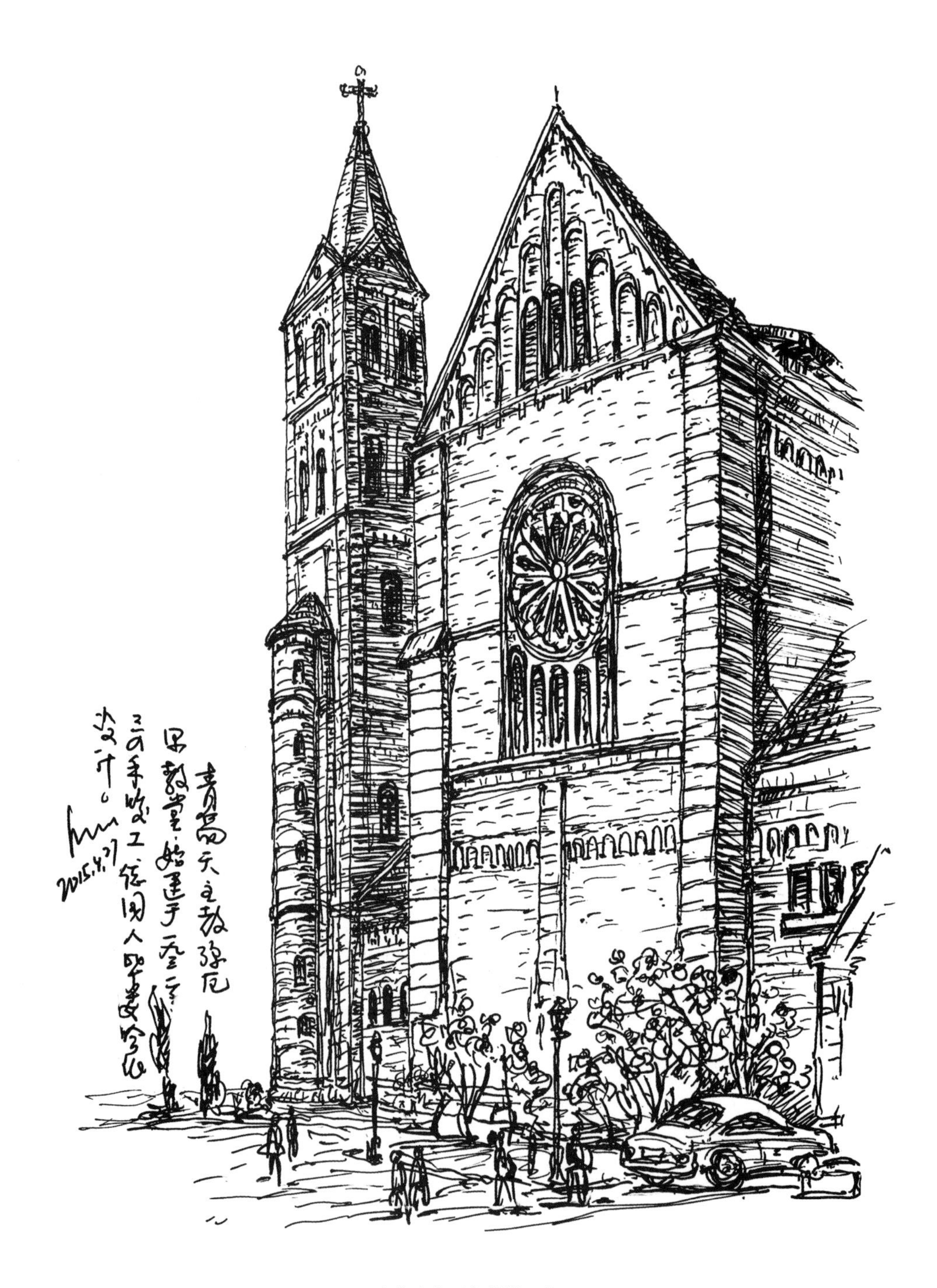

山东青岛天主教堂一角

山东青岛圣保罗教堂

上海襄阳路东正圣母堂

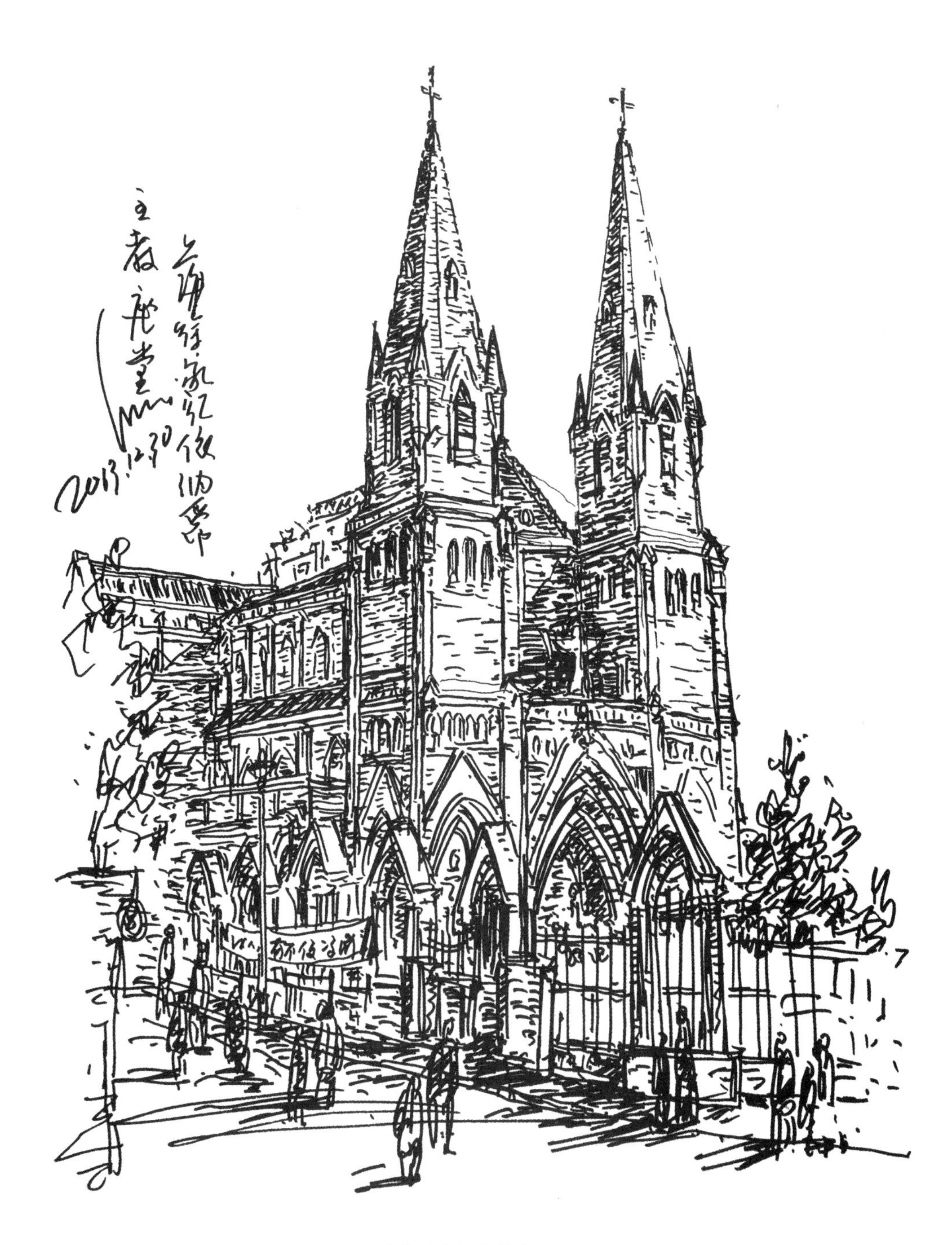

上海徐家汇老教堂

云南大理古城基督教堂

云南大理天主教堂

广东广州沙面基督教堂

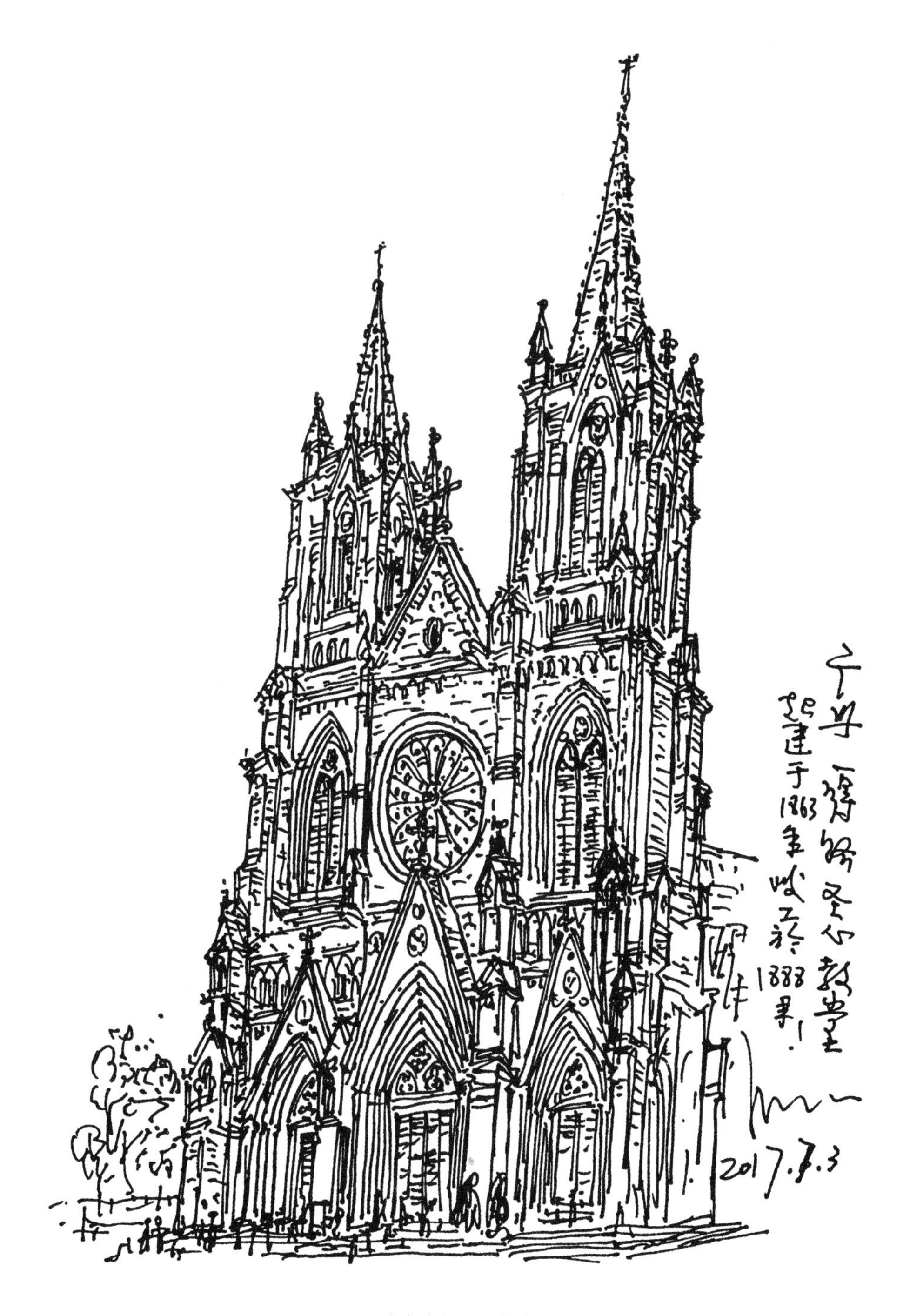

广东广州圣心教堂

陕西西安五星街天主教堂

陕西西安雁塔区基督教堂

山东济南洪楼天主教堂

山东济南经四路天主教堂

山东淄博教堂

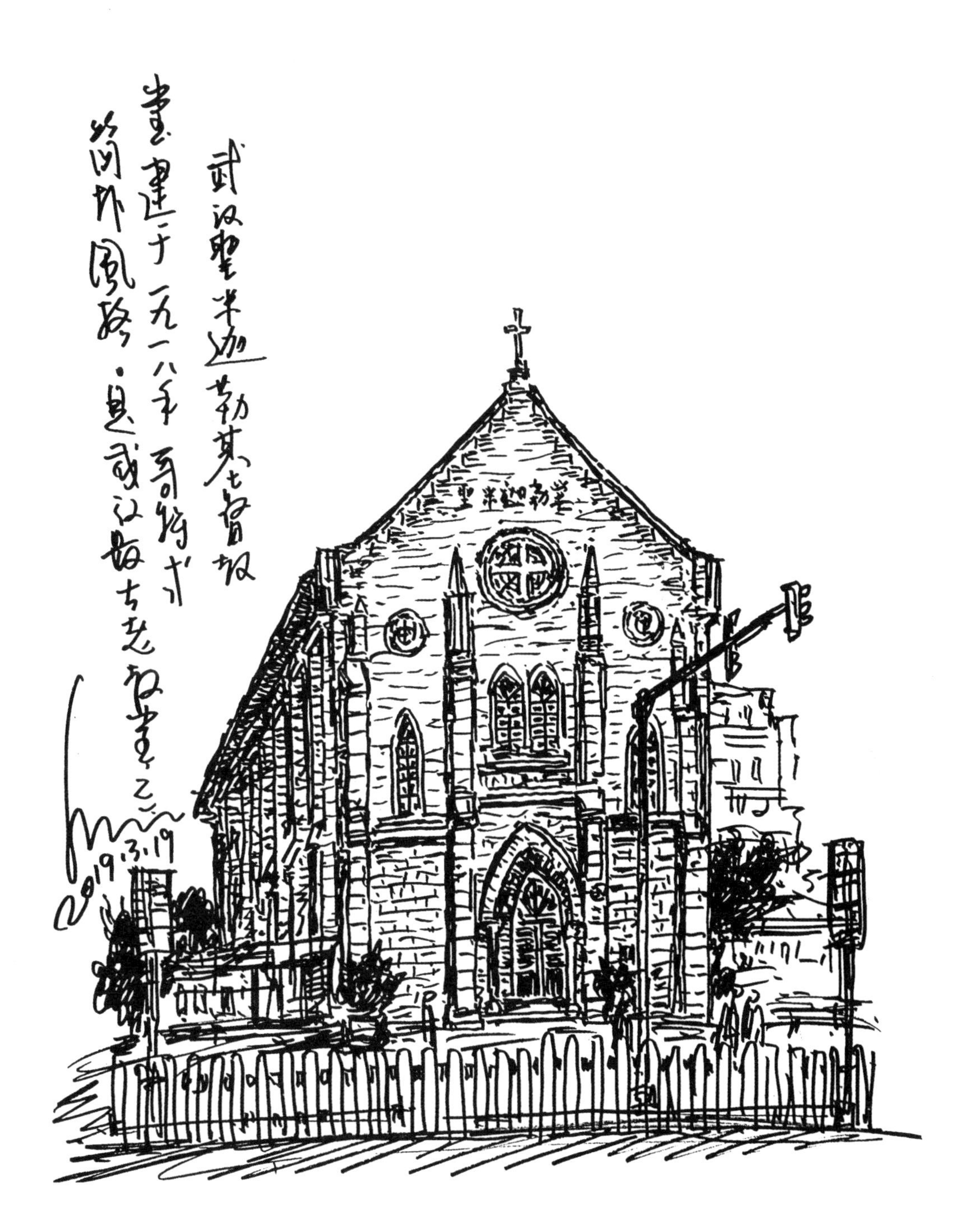

湖北武汉圣米迦勒基督教堂

湖北武汉车站路 25 号天主教堂

湖北武汉荣光教堂

广东桂林中心中路基督教堂

四川成都平安桥天主教堂

内蒙古鄂尔多斯体育场一角

四

国内外剧场建筑速写

由于工作的关系，很多时候需要在演出场地——剧场工作。

剧场是我一生中接触最多的建筑，无论是室内还是室外，我都不陌生。剧场是一个特殊的公共环境，大多数剧场建筑在没有演出的时候，几乎就是一个非常普通的建筑，甚至很难判断它是美还是不美。剧场的魅力是建筑与观众在一个特定的空间中所形成的一种独特的“磁力”关系。这时，剧场的那种神秘、庄重与心中涌起的一种莫名的期待感会让观众流连忘返。

剧场确实是特别神奇的地方。同一个剧场因不同的戏剧演出会给人不同的感受，或甜蜜温馨，或紧张悬疑，或激情澎湃，或悲从中来……

剧场，其实就是人生的舞台。

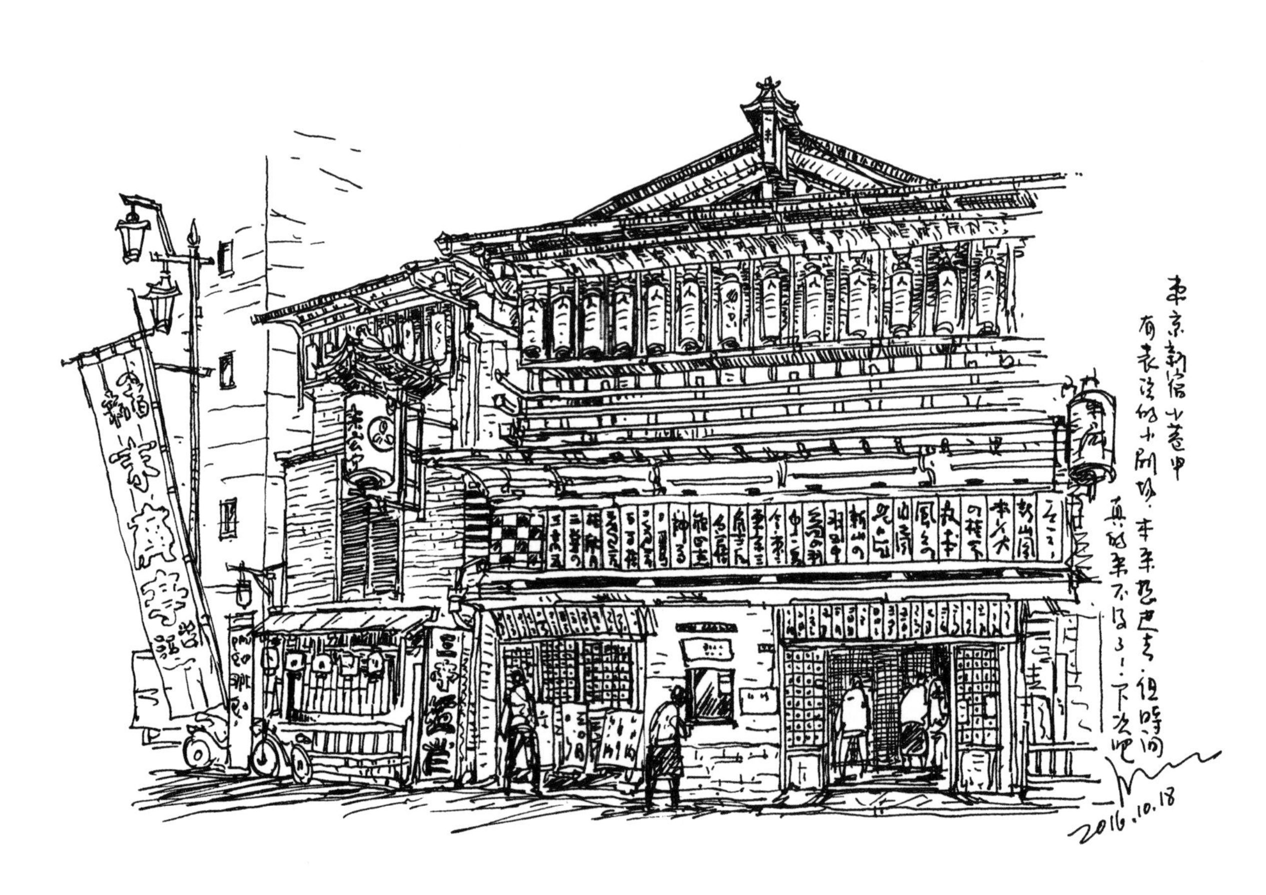

日本东京新宿一个传统小剧场

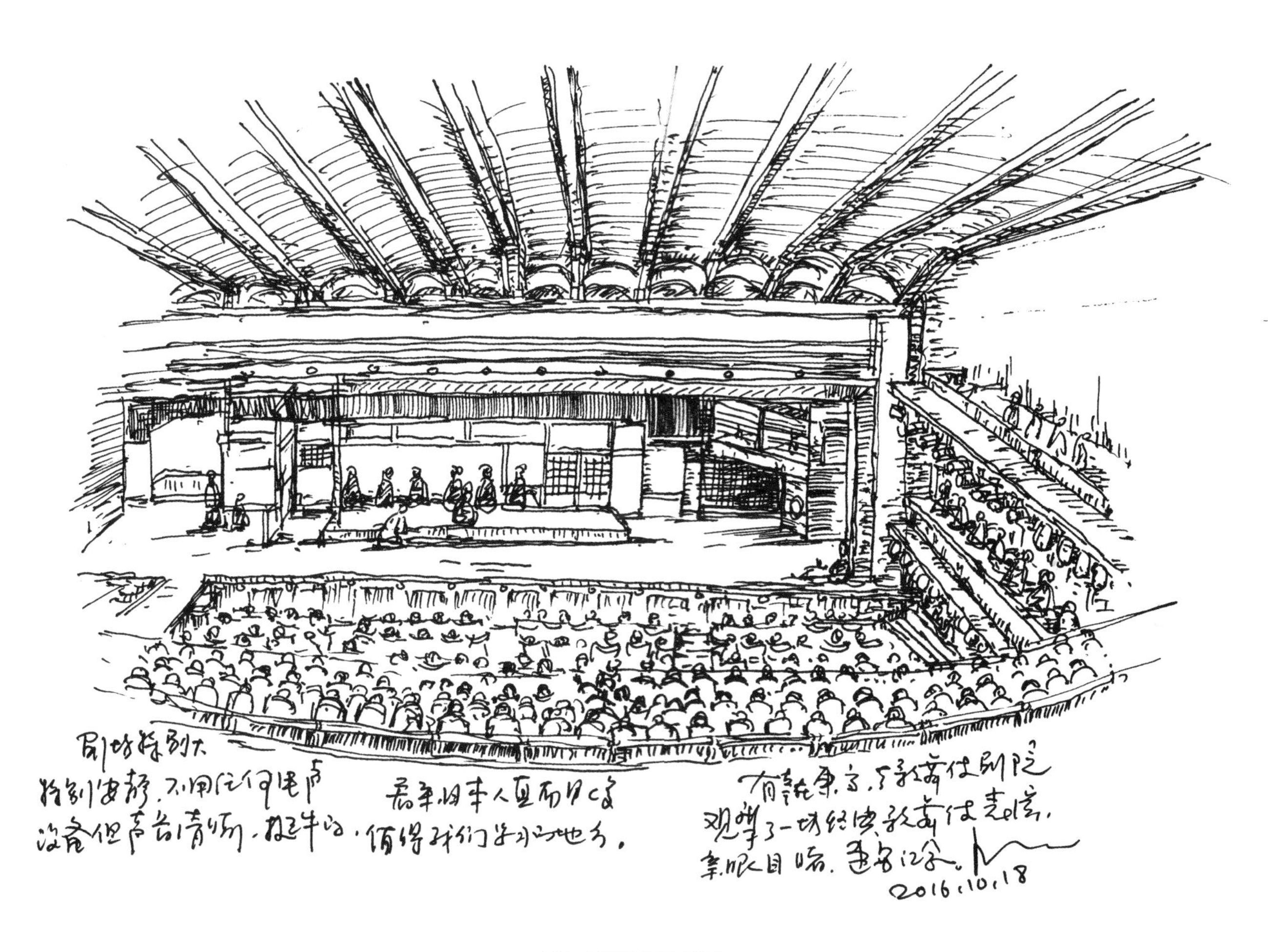
剧场特别大
特别安静，不用任何扩声
设备但声音清晰，超牛的，
看来日本人还有自己的
值得我们学习的地方。
有缘在东京，京都歌舞伎剧院
观赏了一场经典歌舞伎表演，
亲眼目睹，速写记录。
2016.10.18

日本京都歌舞伎剧场

内蒙古鄂尔多斯第十届全国少数民族传统体育运动会会场

内蒙古鄂尔多斯第十届全国少数民族传统体育运动会会场一角

宁夏中卫沙坡头剧场一角

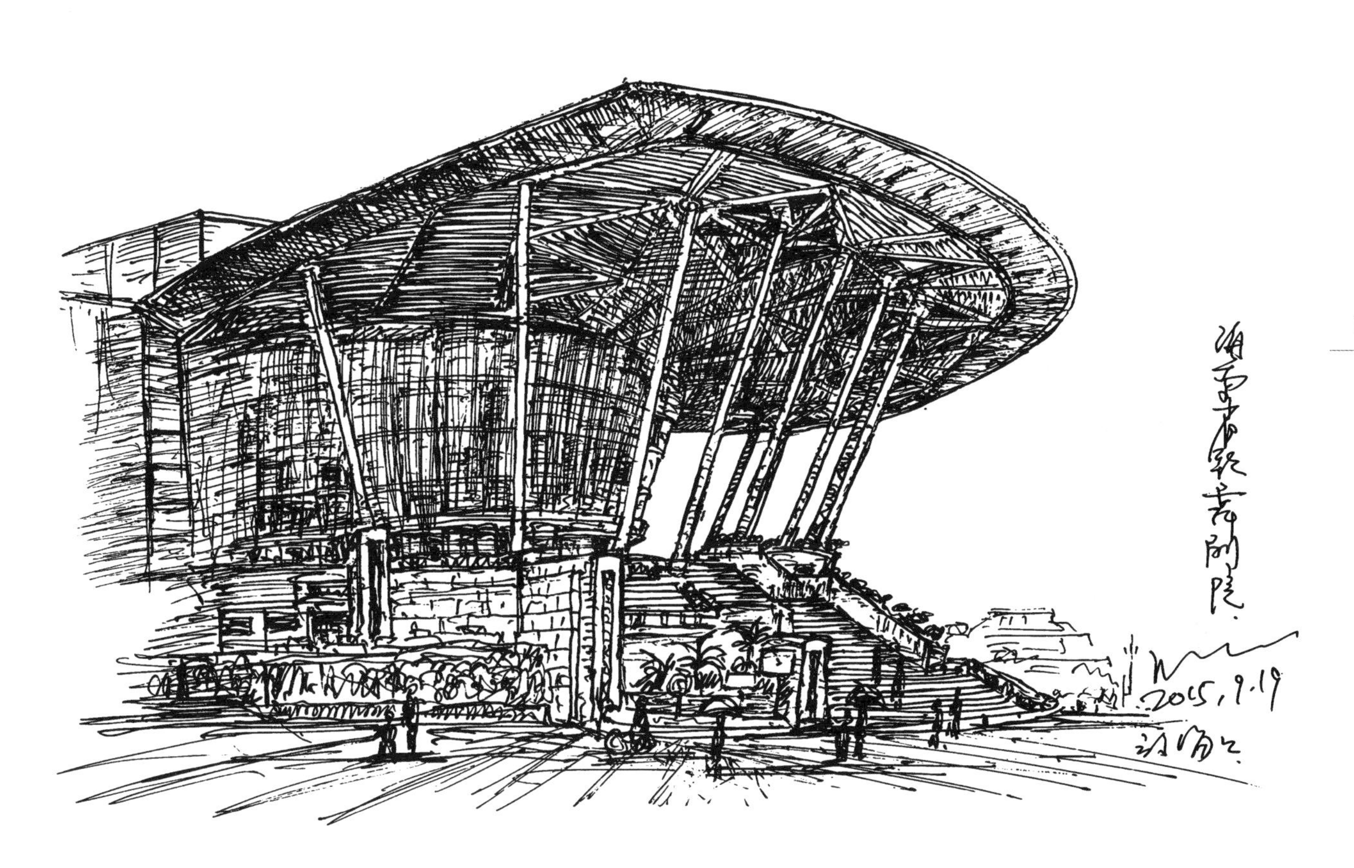

海南歌舞剧院一角

广东东莞塘厦演艺馆剧场

广东东莞塘厦演艺馆剧场内景

广西南宁人民会堂剧院一角

广西南宁人民会堂剧院内景

河北石家庄人民会堂一角

河北石家庄人民会堂内景

浙江杭州剧院一角

浙江杭州剧院内景

云南海埂会堂内景

甘肃兰州西北民族大学大礼堂

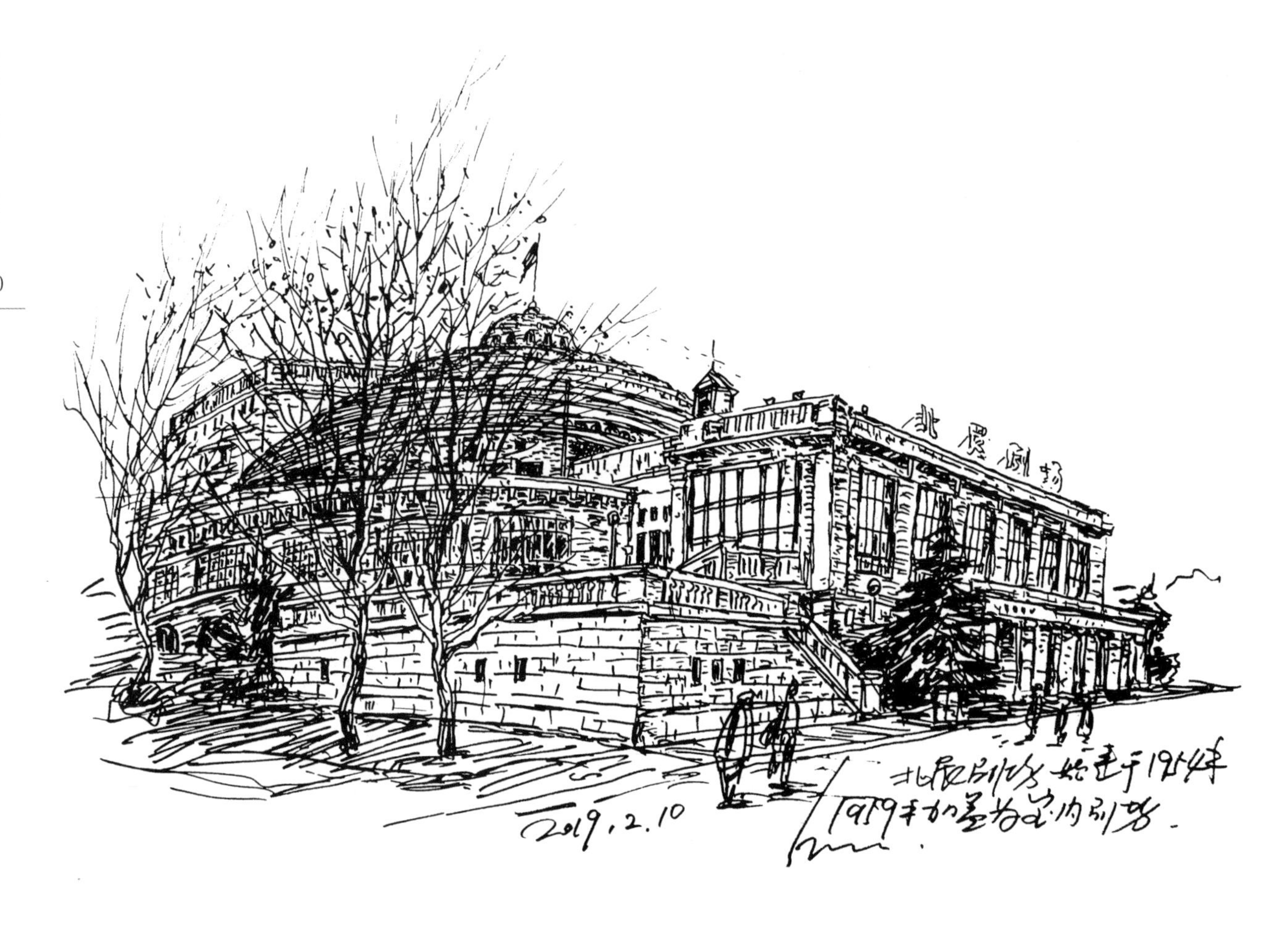
北展剧场
北展剧场始建于1954年
1959年加盖为室内剧场
2019.12.10

北京北展剧场

北京人民剧场

北京保利剧院

北京天桥剧场

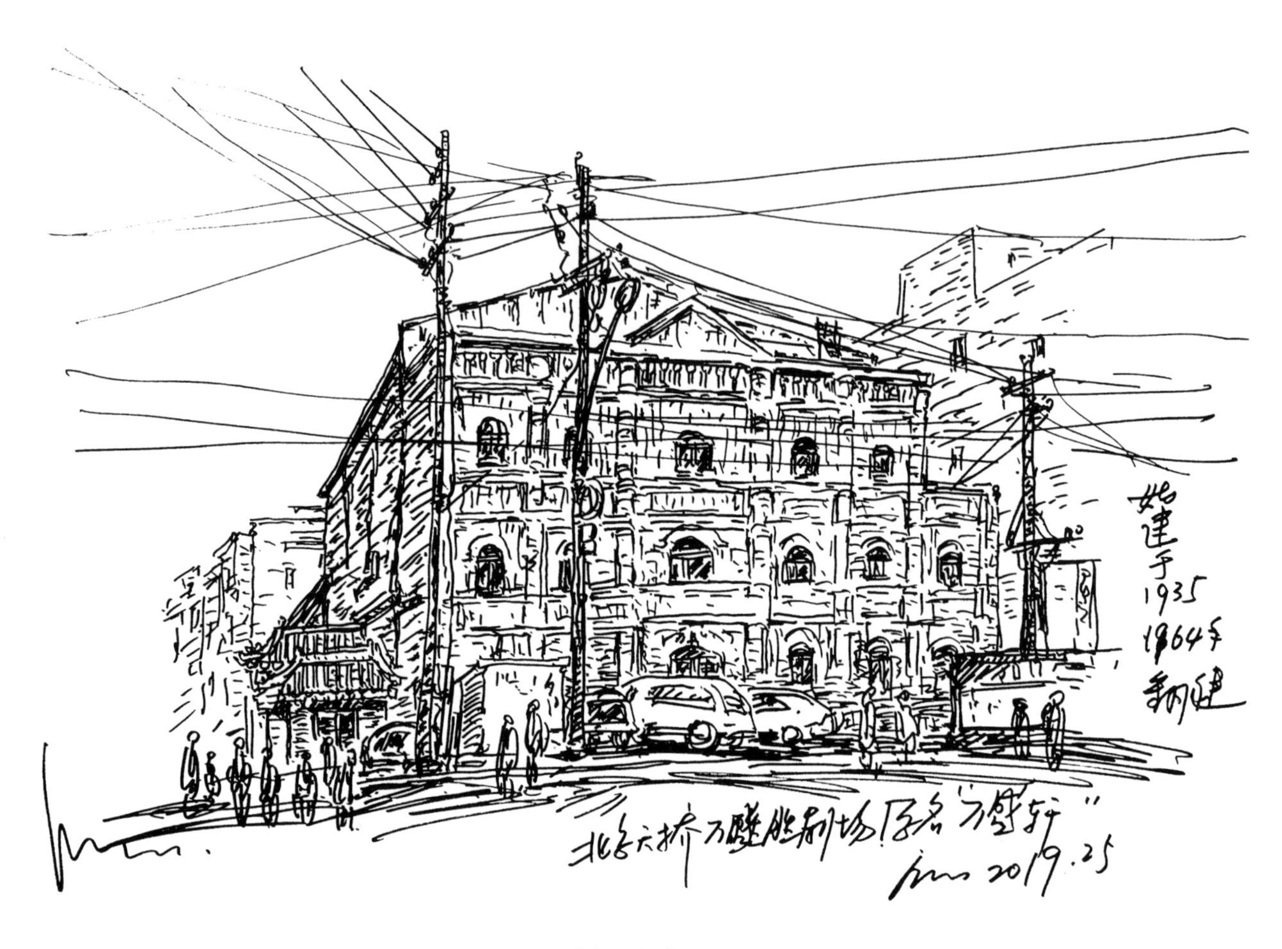

始建于
1935
1964年
翻建
北京天桥万胜剧场原名"万盛轩"

北京万胜剧场

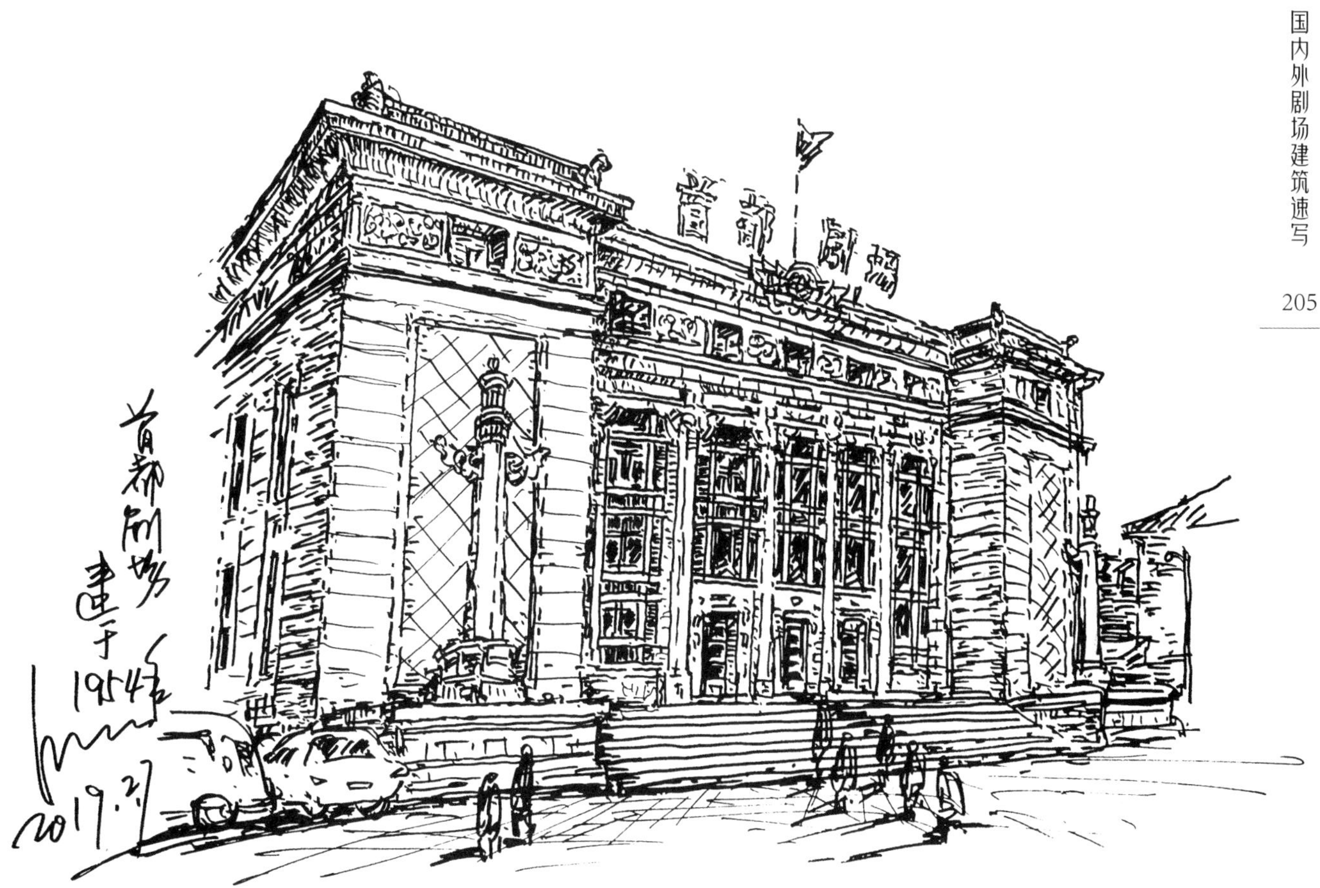

北京首都剧场

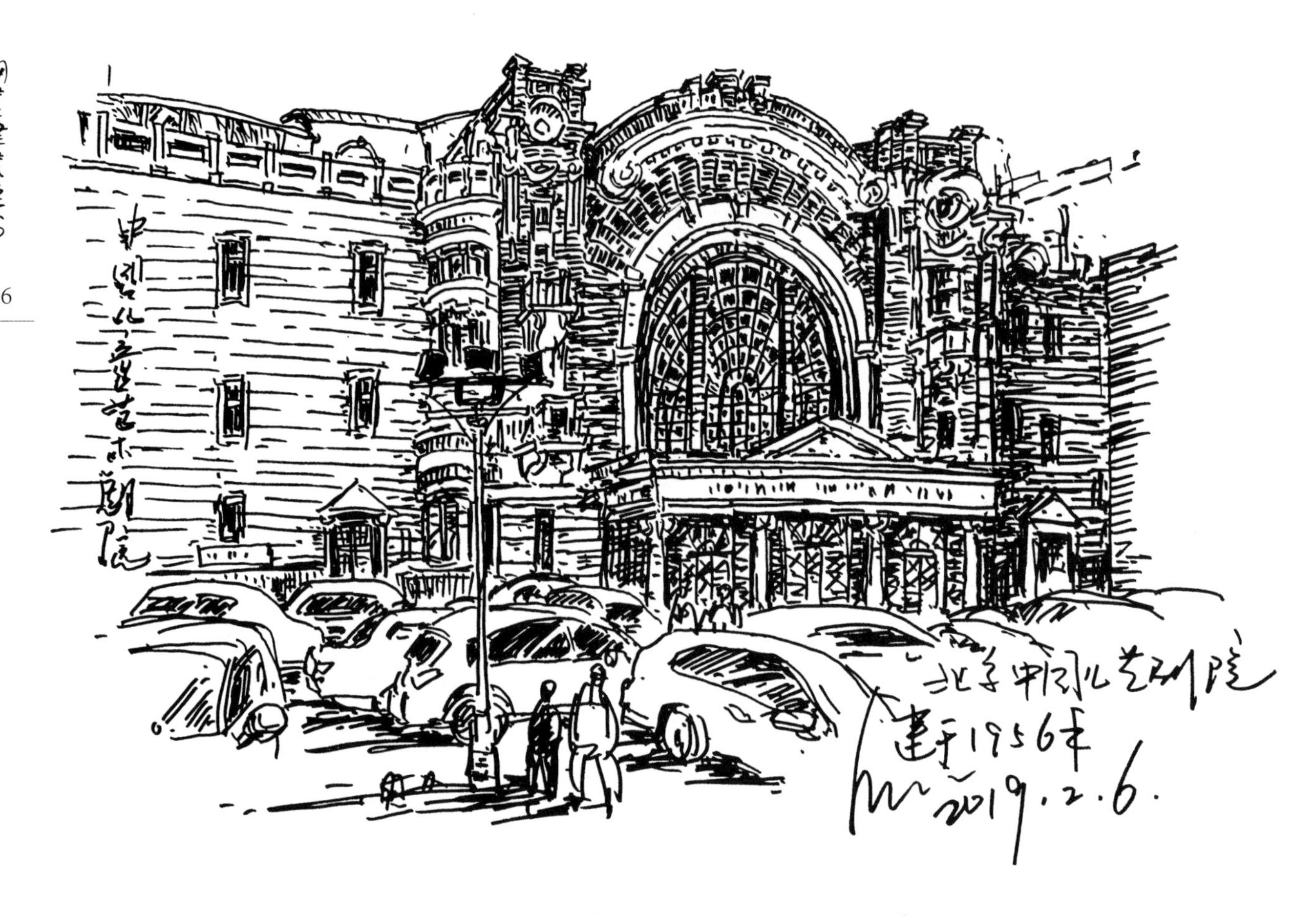

中国儿童艺术剧院
北京中国儿艺剧院
建于1956年
2019.2.6.

北京中国儿童艺术剧院

宁夏银川宁夏人民剧院

北京政协礼堂

北京民族文化宫大剧院

后记

今天人们热衷于“读图”而很少“观图”。我说的读图是指每天看见大量的图片，甚至转发图片，却很少认真感受其画面的美、思索画面的含义。这种海量的读图现象普遍存在，虽然人们看见了很多图，但往往印象并不深刻。

速写则不然。它可能不如被处理过的图片那么“完美”，却是画家对速写对象的形象创造。速写的对象是画家自己认真选择的，速写的简练与繁复都是画家有意而为之的，或突出或删减。这种艺术化的表达方式虽然不如图片“真实”，但是极富艺术的创造性与感染力。

我喜欢用钢笔速写，特别是建筑速写。钢笔速写不允许擦掉修改，在表现建筑时具有硬朗和流畅的特点。当然，不同的笔尖粗细、不同的纸张都会使钢笔速写的效果有所差异。对任何一种工具的使用都有一个从生疏到熟练的过程，钢笔也不例外，需要多加练习。进行钢笔速写时，应当认真观察描摹对象的结构与特点，注意下笔的先后顺序，任何事情都有规律和捷径可循。

面对自己感兴趣的形象，我喜欢用画笔将其艺术呈现，这个过程永远让我着迷。

我是一位舞台服装设计师，也是一位老师，对很多领域都感兴趣。现在只觉得时间太少，而要做的事情却很多。这本速写集中的作品很多都是在做实践项目或者出差时抽时间快速完成的。速写，是一种快速写生，受时间的限制是其特点之一。

现在的艺术教育常常强调“对位”，但不能过度，否则就会把技能限定在很窄的范围，离艺术越来越远。当然，如果一个人只在某一种设计领域“深扎学习”也不错。但是，不能把这种教育当成唯一方式。因为艺术史一直在昭示着这样一种现象，那就是真正成功的艺术家往往具备专业以外的知识和技能。这与“功夫在诗外”是一个道理。有道理我们就去践行吧。我希望那些专业的设计师，多去自己陌生的领域试试身手，也许会“出其不意”而拓展专业，也许会“锦上添花”，这都不一定。

信不信由你。

韩春启

2019年5月28日